建筑手绘
快速表现

陈国华　张炜江　梁开华　著

一本通

化学工业出版社

·北京·

图书在版编目（CIP）数据

建筑手绘快速表现一本通 / 陈国华，张炜江，梁开
华著．—北京：化学工业出版社，2020.4（2023.7重印）
设计手绘精品教程
ISBN 978-7-122-36220-9

Ⅰ. ①建… Ⅱ. ①陈… ②张… ③梁… Ⅲ. ①建筑画
—绘画技法—教材 Ⅳ. ①TU204.11

中国版本图书馆 CIP 数据核字（2020）第 032318 号

责任编辑：孙梅戈 吕梦瑶 装帧设计：王晓宇
责任校对：刘 颖

出版发行：化学工业出版社（北京市东城区青年湖南街 13 号 邮政编码 100011）
印 装：北京建宏印刷有限公司
889mm×1194mm 1/16 印张 12½ 字数 200 千字 2023 年 7 月北京第 1 版第 2 次印刷

购书咨询：010-64518888 售后服务：010-64518899
网 址：http://www.cip.com.cn
凡购买本书，如有缺损质量问题，本社销售中心负责调换。

定 价：79.80 元 版权所有 违者必究

前言

在数字工具全面主导设计教育的大环境下，手绘被当作一个展示个人创造力的窗口，成为手绘时代价值的重要体现。也正是因为这种价值，手绘对于注重创造力的设计师来说，是举足轻重、不可或缺的一项基本技能。设计方案的前期推敲就是以手绘为主导方式的阶段，手绘是设计思路从大脑皮层的虚幻开始到活生生地跃然纸上的最直接、最快速、最准确的必需工具。

要画好手绘，循序渐进很重要。首先，需要重复地训练线条、透视、形体等基础内容，加强基本功，要做到手到线到。其次，再通过大量综合场景及完整空间手绘作品的临摹，强化对完整画面的处理能力以及对空间的理解。最后，再到实景图片或者现场写生阶段的强化训练。手绘的难点主要在于作画者对线条、单体形态、空间结构的提炼和把控，这甚至会让很多作画者陷入无从下笔的尴尬境地；另一个难点就是对画面内容取舍的处理，不必面面俱到，但也不能删减一空，要做到内容的适度与合理，这需要大量的训练积累。

设计专业的手绘图表达重在表达空间设计的结构、材质、设计元素、空间层次等，使观者对设计作品产生第一印象的观感，并从中读出设计的语言及手法。因此，设计手绘图主要要求形准、结构清晰，不像绘画艺术讲究神韵，故多少带有一些"匠气"。

本书由观内外教研团队精心研究并编著而成，希望通过线稿篇、色彩篇、提高篇和应用篇四大部分全面介绍建筑设计手绘，帮助读者快速提升手绘综合表达能力。

目录

应用篇

GUANGZHOU—HOTEL
DEVELOPMENT. 1.ii.96

线稿篇

第1章 手绘表现概述

1.1 手绘表现的图纸类型

（1）草图

　　草图在建筑设计中有两种存在形式：一种是设计方案的前期图纸，对环境、地形等各种设计条件进行分析，快速勾勒设计灵感和思维，方便交流，可改性强；第二种是日常记录，以最直接的方式将日常所想、所见客观地记录下来，积累设计素材，解读设计意图。自由、随意、快速是草图的最大特征。

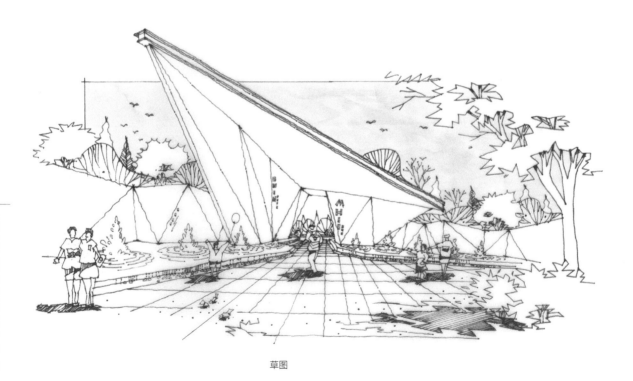

草图

（2）平、立、剖面图

建筑的平、立、剖面图是没有透视变化的设计方案表达图纸。平面图主要反应建筑的长、宽以及位置关系；立面图主要表达建筑的体型和外貌；剖面图主要表达建筑的内部结构、高度、垂直方向上的相互关系等内容。在绘制建筑平、立、剖面图的过程中，要注意加强投影的刻画，因为投影能直观地表达建筑的高低、前后、厚薄等结构变化。

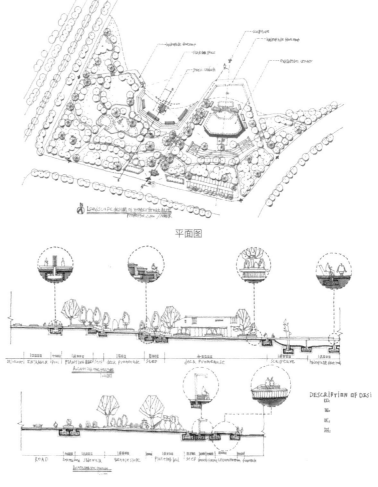

平面图

剖面图

（3）透视图

透视图也叫效果图，常用的两种表现方式是低点透视图（人视图）和高点透视图（鸟瞰图）。透视图在表现的过程中，比较讲究绘图技巧，需要综合考虑构图、透视、形体、虚实、疏密、结构等信息，兼具画面美观和清晰表达设计两个信息点。

透视图

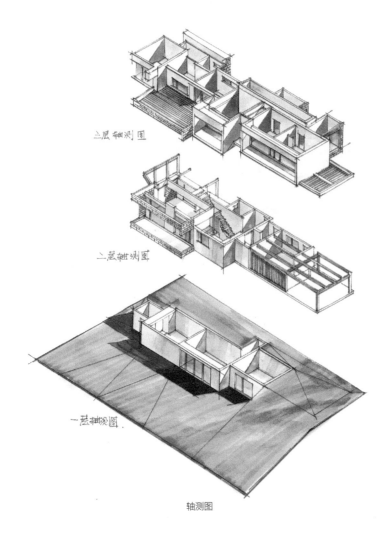

三层轴测图

二层轴测图

一层轴测图

轴测图

（4）轴测图

在一个投影面上同时反映出物体三个坐标面的形状，并接近于人们的视觉习惯的立体图。轴测图在表达时需注意投影的表达和刻画，颜色不宜过重、过艳，无需太多的绘图技法，能将设计表达清楚即可。

1.2 手绘的常用工具介绍

1.2.1 画笔

常用的画线稿的绘图笔有针管笔、中性笔、钢笔、美工笔等。它们各有特点，可根据绘图的不同需要自由选择。

（1）针管笔

针管笔主要用于绘制设计图纸，特点是粗细变化统一，能绘制出均匀一致的线条，不易残留墨迹。针管笔有不同粗细的型号，其笔尖直径为0.1~2.0mm，在设计制图中至少应备有细、中、粗三种不同粗细的针管笔。

针管笔

（2）中性笔

书写介质的黏度介于油性和水性之间的称为"中性圆珠笔"，即"中性笔"。其特点是出水流畅、线条均匀，而且价格便宜、携带也方便，是常用的绘图笔之一。

中性笔

（3）钢笔

钢笔是人们普遍使用的书写工具，笔头由金属制成，书写起来圆滑

钢笔

而有弹性，相当流畅。钢笔都不是一次性的，墨水用完后可以随时补充。

（4）美工笔

美工笔是借助笔头的倾斜度制造线条粗细效果的特制钢笔，其特点是：把笔尖立起来用时画出的线条细密；把笔尖卧下来用时画出的线条宽厚，多用于外出写生。

美工笔

1.2.2　纸张

（1）复印纸

可以使用70 g或者80 g的复印纸进行手绘练习。其价格相对低廉，性价比较高。

复印纸

（2）绘图纸

绘图纸的品质较高，耐磨耐折，平整光滑，是快题设计中最常用的纸张，分为带标准图框和不带图框两种，可以用于精细效果图表现。

绘图纸

（3）硫酸纸

硫酸纸是一种半透明纸张，很适合在草图阶段使用。硫酸纸是"拓图"最理想的纸张，但由于硫酸纸吸水性弱，使用马克笔绘制时颜色会比普通纸淡些。

硫酸纸

（4）有色卡纸

有色卡纸是具备各种不同明度、色相、彩度的卡纸，很适合表现各种不同的物体与环境，能够恰当地表现不同物体的不同质感。需要注意的是，有色卡纸上色会存在一定色差。

有色卡纸

1.2.3　辅助工具

（1）尺规

为增强画面的透视与形体的准确度，需要借助尺规。常用的尺规有直尺、丁字尺、三角板、曲线板（或蛇尺）、圆规（或圆模板）等。

（2）高光笔

俗称"涂改液（修正液）"，但在手绘图中，其主要作用不是用来修改画面，而是用来表现高光或特殊效果。

尺规

（3）铅笔

将铅笔列为辅助工具是因为手绘图极少直接用铅笔完成线稿，铅笔更多的是作为前期打草稿或画辅助线使用。

根据我们多年的绘图经验推荐使用：白雪牌签字笔，宝克、樱花、三菱牌针管笔，凌美牌钢笔，英雄牌（382）美工笔。

高光笔

第2章　线条基础与表现

2.1　线条基础内容

　　线条是手绘图中最基本的组成要素，是一切画面的结构之本。线条能够搭接出物体的形态及空间结构，通过各种排线技法可以表现物体的光影、色调、质感等。在手绘前期的基础训练中，线条的综合练习是必不可少的。

　　常见的线条可分为直线、抖线、斜线、折线和自由线等。不同线条所表现的画面感染力不同：硬朗笔直的尺规线条让人倍感凌厉、爽快轻松，而自然抖动的线条则显得轻柔且富有生命力。

　　对于从未接触或者刚接触手绘的初学者，线条的练习应遵循结构的完整性，并进行定量训练。下笔时要注意起笔和收笔的顿点控制，并通过画等边、等长、均匀力度的组合线条等方式来综合练习，强化对线条的控制力。

 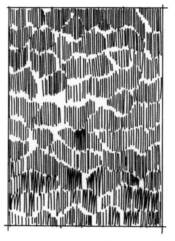 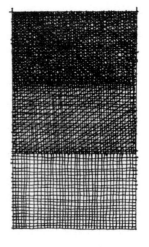

线条的综合练习

2.1.1 直线

直线的特点是行笔快速、果断肯定，给人一种畅快淋漓之感。常用于现代建筑、室内设计等一些比较现代、科技感强的空间刻画中。

画直线时请注意，身形要端正且放松，笔与线之间保持90°夹角，出笔平而稳，并掌握线条的结构（有头有尾），握笔轻松，运笔自如，用力均匀。画长线时注意手指和手腕保持不动，利用前臂的摆动快速有力且肯定地完成；画短线时可用手指或手腕的力量完成。

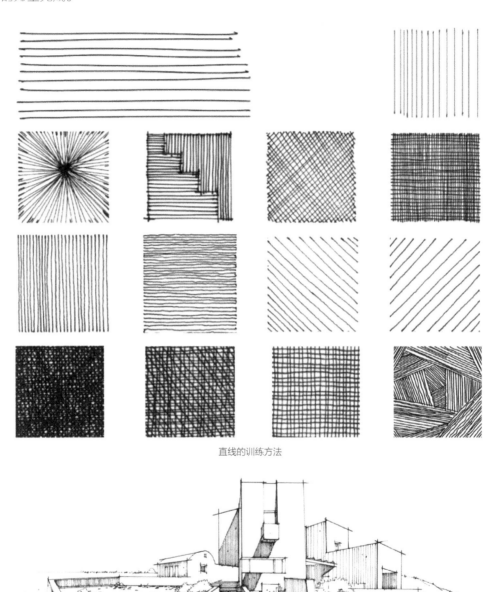

直线的训练方法

直线的空间应用

2.1.2 抖线

抖线用笔舒缓、沉着，线性显得厚重，绘画时手指可轻微地上下抖动，状态较松弛，线条生动而富有节奏感。

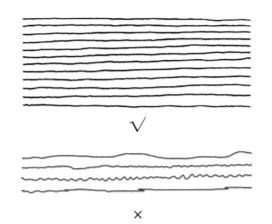

抖线的训练方法

MARK.2018.01.10作

抖线的空间应用

建筑手绘快速表现一本通

2.1.3 曲线

曲线也是手绘图中很重要的一种线条，使用广泛。在练习时，运笔要流畅，一气呵成，不可犹豫。通过熟练灵活地运用手腕的力量可以表现出各种丰富的曲线。

曲线的训练方法

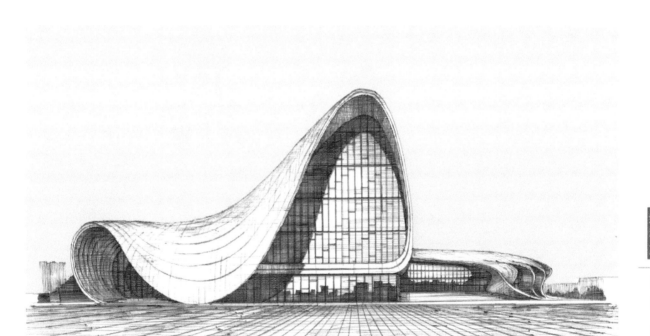

曲线的空间应用

2.1.4 粗细变化的线

粗细变化的线条可以让画面变得更丰富、生动。用粗细不同的线条处理画面的对比，可加强画面的冲击力。可用美工笔绘制，使画面有不拘小节的豪迈之感。

粗细变化的线条训练方法

粗细变化的线的空间应用

2.1.5 折线

折线多用于表现形态不规则但有规律的对象，比如植物配景等，运笔要轻松自然。

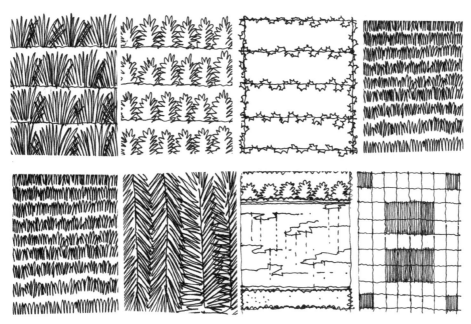

折线的训练方法

折线的空间应用

2.1.6　自由线

自由线多用于表现完全不规则也没有规律的对象，其随机性强，自由度大，常用在写生或者设计构思的草图表达中。

自由线的训练方法

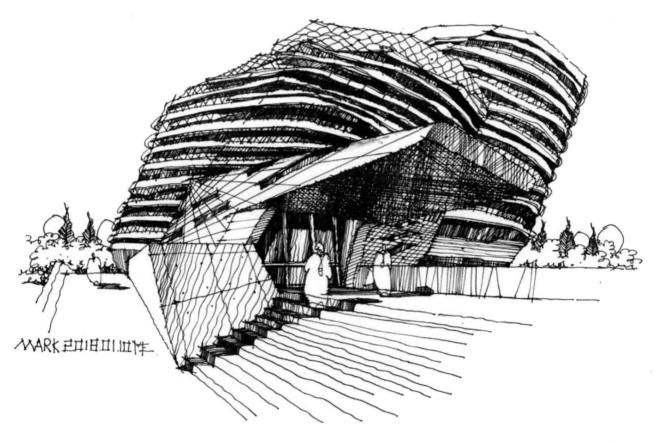

自由线的空间应用

综合排线的训练方法

2.1.8 线条创意练习

不同于前面的练习，这种线条的创意练习要求手与脑的更高配合，有助于我们对设计元素的积累，拓展设计创作思维。

第一组： 基本形不变（1：1），分隔方式不变，变换材质线形。

第二组： 基本形不变（1：1），门造型不变，窗造型改变。

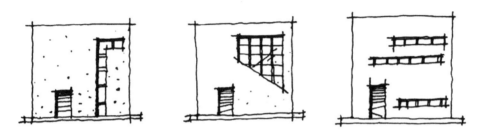

第三组： 基本形不变（1：1），窗造型不变，门造型改变。

第四组： 基本形不变（1：1），门、窗造型及材质线形改变。

第五组： 有相同元素或结构比例，门窗造型、材质均可变化，基本形不变。

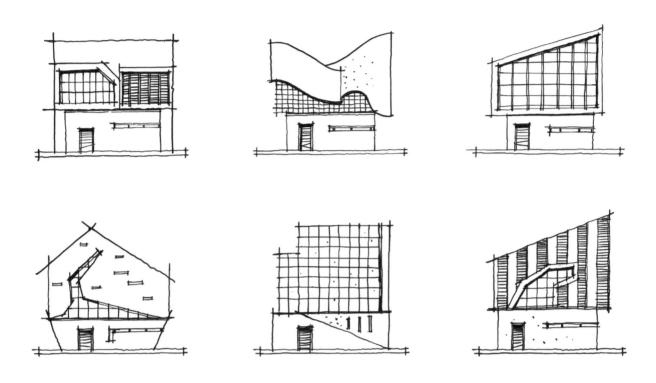

第六组： 有相同元素或结构比例，门窗造型、材质均可变化，基本形比例为 1：2。

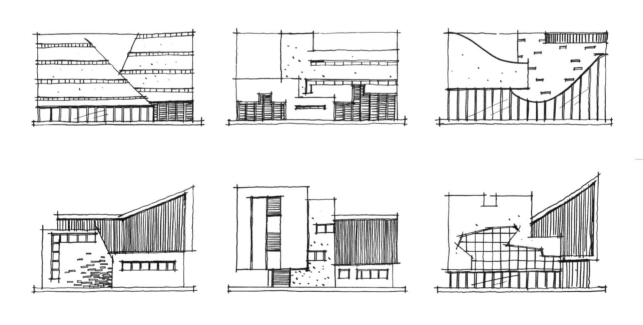

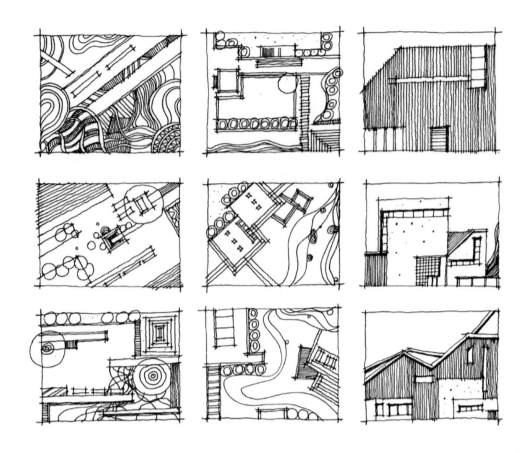

2.2 透视原理

2.2.1 透视的作用和常用术语

"透视"一词是一种绘画术语，就是透过透明平面来观看景物，这个透视的面距离眼睛的远近决定了物体在画面中的大小，也即关于如何在平面上把我们看到的投影成形的原理和法则。建筑物具有长、宽、高三组方向的轮廓线，它们可能与画面平行，也可能不平行。

透视是手绘图中最重要的原理，要准确表现空间或物体的进深、体积及层次，透视起着至关重要的作用。一幅技法高超的手绘表现图，如果透视出错了，那整张作品就毫无意义了。手绘图中常用的透视有三种：一点透视、两点透视、三点透视。

透视中的常用术语

① 视点（EP）：观察者眼睛所在的位置。

② 视平线（HL）：地面到观察者眼睛高度的一条横向水平线。

③ 视域：眼睛所能看到的空间范围。

④ 站点：观察者所站的位置，与视点在一条垂直线上。

⑤ 天点：视平线上方消失的点。

⑥ 地点：视平线下方消失的点。

⑦ 消失点：与画面不平行的线最终相交在视平线上的一点，也称"灭点"。

⑧ 画面：观察者用来表现物体的媒介面，一般垂直于地面并平行于观者。

⑨ 基面：放置景物的水平面，一般指地面。

⑩ 视心（CV）：由视线垂直于视平线的点。

透视原则

① 近大远小，离视点越近的物体越大，反之则越小。

② 近实远虚，离视点越近的物体越清楚，反之则模糊。

③ 由透视产生的消失点在视平线上，并且在同一幅画面上，视平线只有一条。

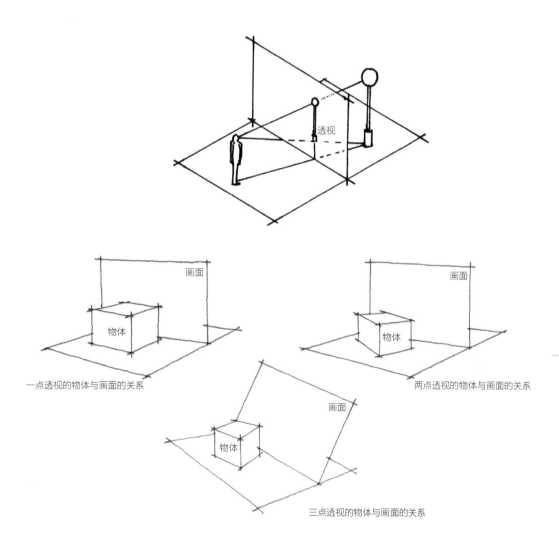

一点透视的物体与画面的关系

两点透视的物体与画面的关系

三点透视的物体与画面的关系

2.2.2　一点透视

也称"平行透视"，表现范围广，纵深感强，多用于表现横向场面宽阔的空间，或者面窄而进深感强的空间，绘制相对容易。

特点：在原来的物体或空间中，垂直地面的线依然保持垂直，水平线依然保持水平（绘画时可用纸张的横、竖边缘分别作为水平和垂直方向上的参考）。而图上与画面垂直的那一组平行线，其透视则交于一点（消失点），且一定在视平线上。

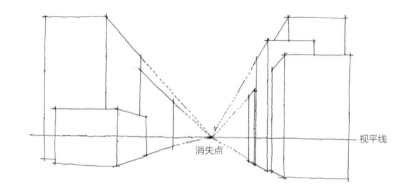

视平线

消失点

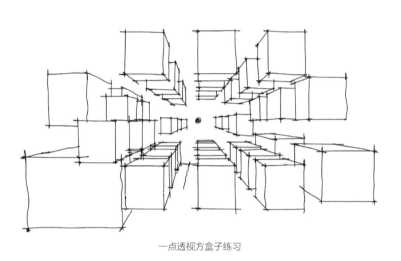

一点透视方盒子练习

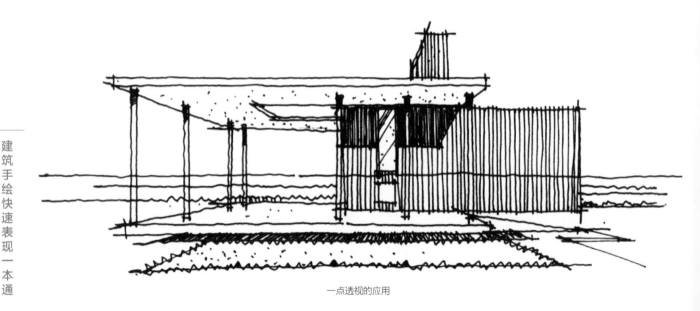

一点透视的应用

建筑手绘快速表现一本通

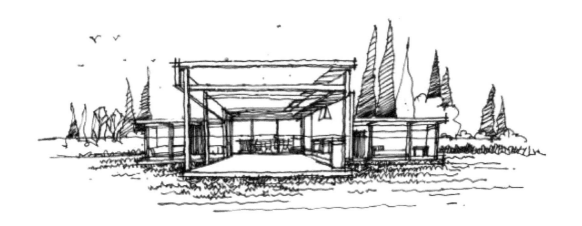

　　练习建议：一点透视相对比较容易，方盒子的大量练习有助于理解透视规律。在绘图的过程中，建议同学们先将空间中的物体转换成方盒子，然后谨记：横向的线保持水平，竖向的线保持垂直，表示物体进深感（或厚度）的线相交于消失点。

2.2.3　两点透视

　　也称"成角透视"，画面效果比较自由、活泼，比较接近人的真实感受。

　　特点：在原来的物体或空间中，垂直于地面的线依然保持垂直，其他两组平行线的透视分别相交于画面左、右两侧的消失点，且这两个点一定在视平线上。

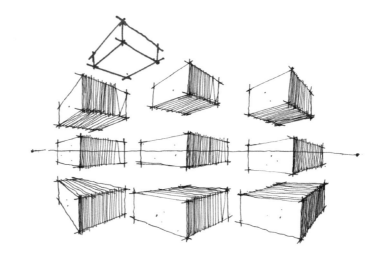

两点透视方盒子练习

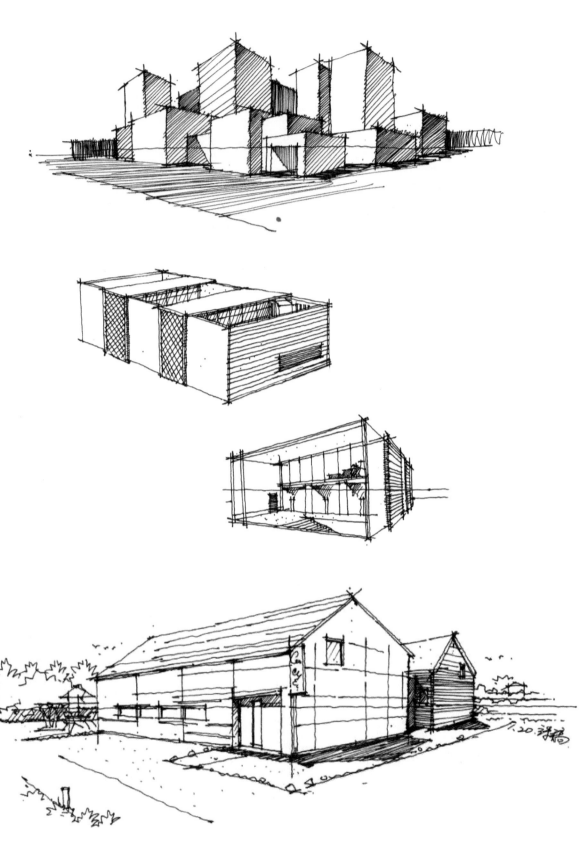

两点透视的应用

建筑手绘快速表现一本通

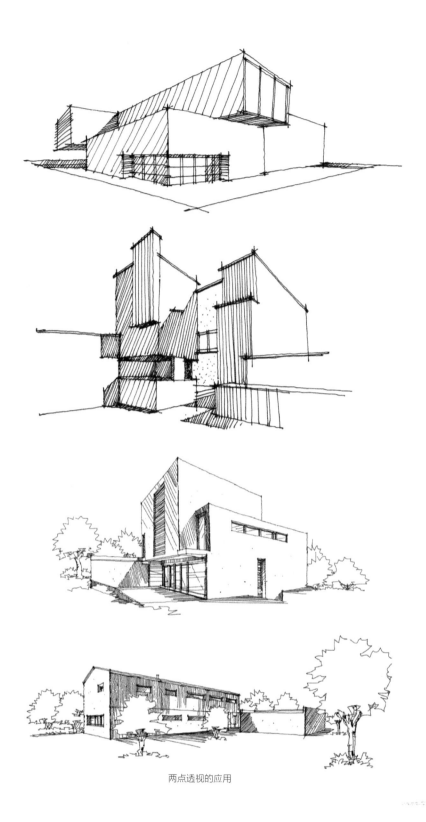

两点透视的应用

练习建议：两点透视是很常用的空间透视表达方式，练习的时候建议将两个消失点的距离拉得稍微远点，否则空间容易变形，且两个消失点一定要在同一条水平线上。绘图时记住：竖线始终保持垂直，两个垂直立面上的水平线分别相交于两边的消失点。

2.2.4 三点透视

也称"倾斜透视"，其中的三组透视线均与画面成一定角度，分别消失于三个消失点。一般用于表现城市规划、较大场景的鸟瞰或超高层建筑仰视等场景。

三点透视方盒子练习

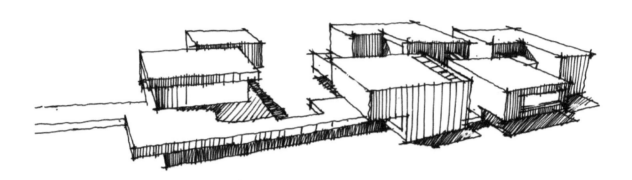

练习建议：三点透视在绘图中的应用相对较少，但相比于一点透视和两点透视，画面更具空间感。三点透视的绘图难点在于第三个消失点（天点或地点），这个消失点的位置远近确定了空间的变形强烈程度，一定要根据画面的需要来决定第三个消失点的位置。

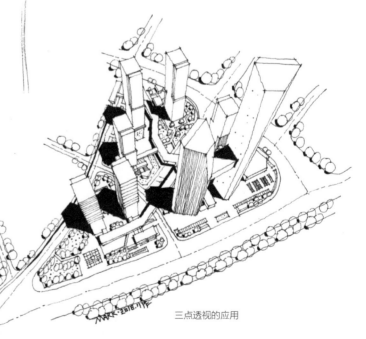

三点透视的应用

2.2.5 圆的透视

　　掌握圆的透视规律可以很好地解决建筑中拱门、圆柱、穹顶、弧形墙体等圆形结构的透视问题。当圆所在的平面不是垂直面时，因透视关系便形成椭圆，且此椭圆距离视平线越近，其形越窄，反之越宽。圆的透视可以通过此圆的外切方形来确定，步骤是：先根据透视规律画出方形，连接方形的对角线和两条相对边的中点形成一个"米"字，再根据此"米"字做一个内切圆，即得到一个透视准确的圆形。

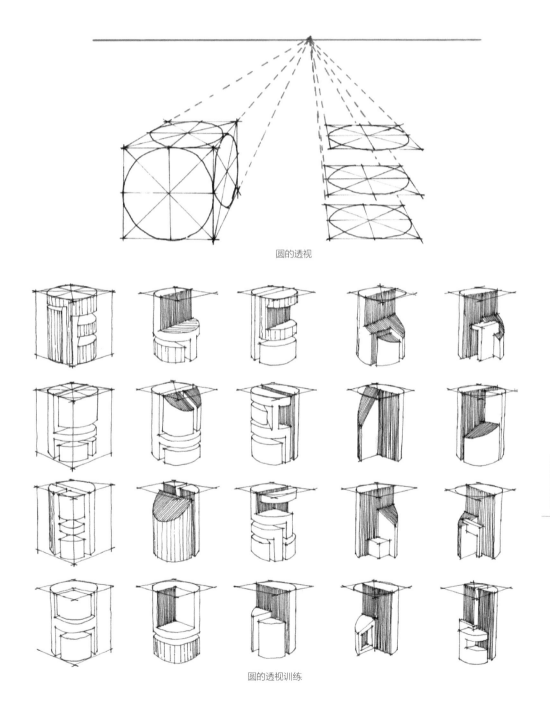

圆的透视

圆的透视训练

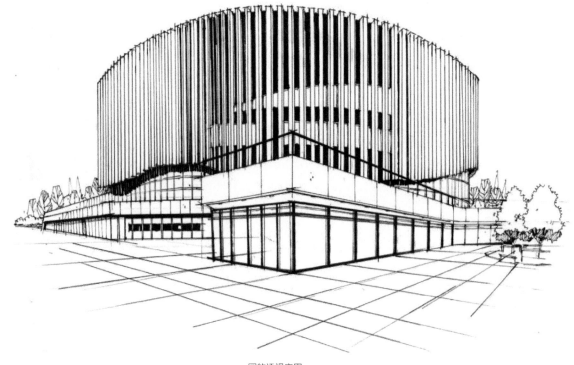

圆的透视应用

2.3 建筑几何体块练习

　　几何形体的训练是建筑表现课程中必不可少的阶段。建筑形体基本都是通过几何体演变而来的，几何形体的训练可以很好地帮助大家理解建筑造型。几何体的训练是一种比较纯粹的造型构思训练，建筑从外部形体到内部空间，其实都是体与面的关系。同时，几何体在日常生活中随处可见，训练时随手可得。

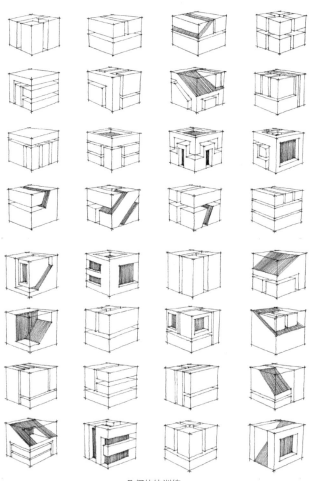

几何体块训练

2.4 明暗处理

（1）光影

光线与明暗是创造画面效果的重要因素，也是绘画表现的主要方面。光线赋予物体明暗，而我们通过画面的明暗来表现空间、体积、结构。明暗的产生来自光线和物体结构变化两方面的因素，不同的光线角度和不同的结构变化都会带来不同的明暗效果。

（2）三面五调

物体（空间）在光的照射下，就会产生明暗（调子）变化，其规律总结下来，可归纳为"三面五调"。具体概念如下。

三面：受光的面叫亮面，侧受光的面叫灰面，背光的面叫暗面。

五调：亮调子，灰调子，暗调子，反光（处于暗面，由于环境的影响而产生），明暗交界（灰面与暗面交界的地方，它既不受光源的照射，又不受反光的影响，因此形成了一条最暗的面）。

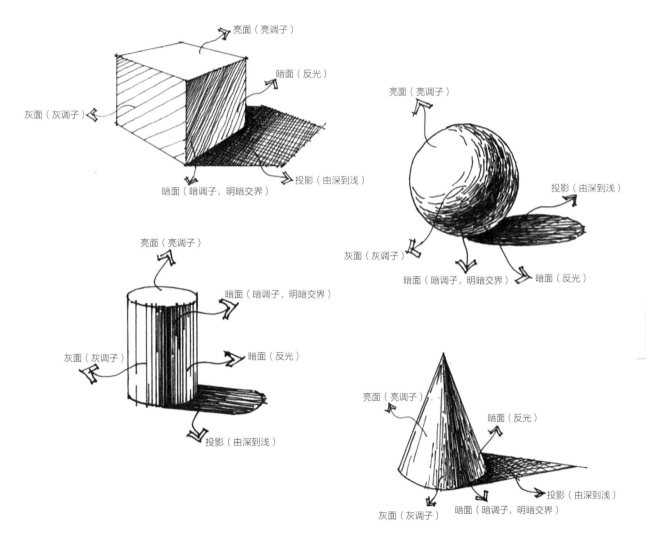

（3）光影的灵活应用

根据平、立面图以及光影的示意可以推敲出物体（空间）的透视图。

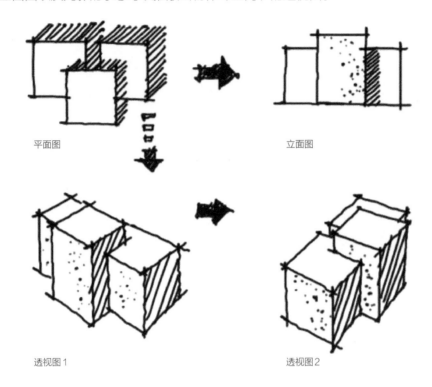

平面图　　　　　　　　　　　　　　立面图

透视图1　　　　　　　　　　　　　　透视图2

　　光线与建筑（空间）所成角度一般有右图所表现的四种情况。其中①②较常用，因为这个角度的光线易于取得明朗的光影效果。③④大面积处于暗部，没有理想的光影变化来表现体积感和细部结构（如出沿、线脚、挑台等凹凸面），所以一般不常用。

　　如果采用④的逆光效果表达时，要注意加强反光效果，使暗部显得透气，大面积的阴影要淡，投影要深。不过在鸟瞰图中，采用③④的逆光效果反而会使画面别具风格。

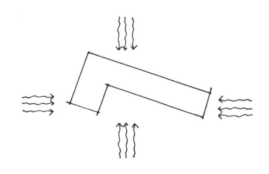

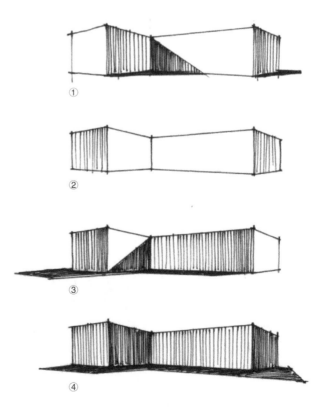

①

②

③

④

光影可以帮助表现清楚建筑的高、低、凹、凸等空间效果，画线稿时可以好好利用。

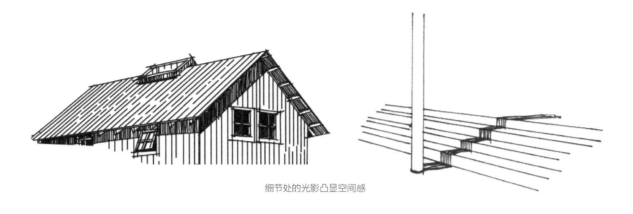

细节处的光影凸显空间感

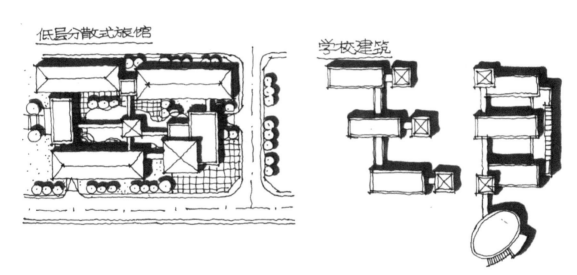

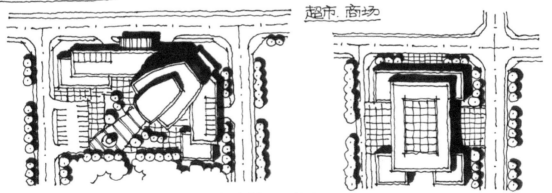

光影在建筑平面图中的应用

光影在透视图中的应用如下。

对象分析：该图是一点透视的空间，建筑立面有多个外突起的方形窗格，阳光从左上方照射下来。

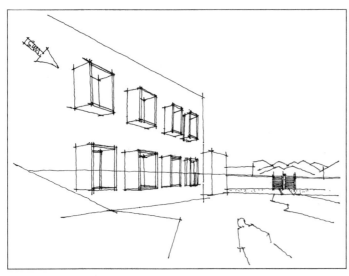

没有阴影的透视图效果

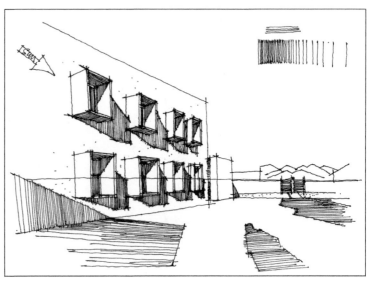

画了阴影的透视图效果

2.5 建筑配景画法

　　任何一个建筑或者空间都是不能脱离环境而孤立存在的。所以，在一幅完整的画面中除了主体物之外，还应该有各种配景的存在，它们起着补充、协调和丰富画面的作用。配景主要分为植物、石头、人物、交通工具等。

2.5.1 植物的线稿画法

　　植物是室外空间表达中最常见的配景，它就像是空间的外衣，可见其重要性。当然，其相对也较难表现。从"高、中、低"三个空间层次上来看，常见的有乔木（高）、灌木（中）、草地（低）。

（1）乔木类植物

　　乔木的结构组成主要分为树冠、树枝、树干三部分。

　　树冠由树叶组成，可看作一个球体，受光照分为亮部和暗部，表达时要有体积感、层次感和蓬松感。

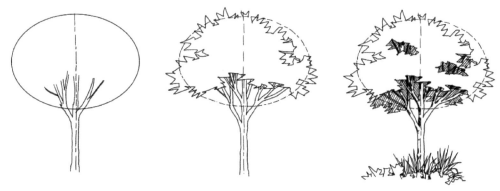

乔木的作画步骤：

① 确定树形，注意树干与树冠的比例，一般乔木建议在树高的1/2处分枝；

② 注意树形的均衡，树冠的外轮廓形要自然，树枝分叉合理，有疏密、前后的变化；

③ 完善树冠与树枝的明暗关系，加强对比与体积感。

也可叠加多个圆，增加树冠的层次感。

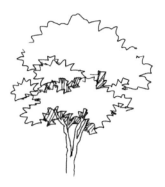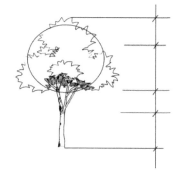

画树枝的分叉时要避免画成对称状，做到随意、自然，且有前后左右的穿插关系。分叉的原则：越往上越密、越往上越开、越往上越细（画下面的树枝可用双线，上面的树枝可用单线）；树干在表达时要注意与树冠的大小比例关系，并且做到上细下粗，与树叶之间有穿插关系；树枝、树干在表达明暗时要用小弧线顺着它们的凹凸起伏变化来画。

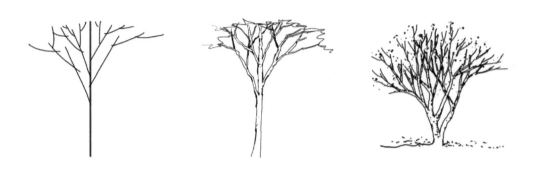

树干底部与地面交接的地方一般可采用草丛、低矮植物或石头等收边，不宜直接外露。

乔木的综合训练如下。

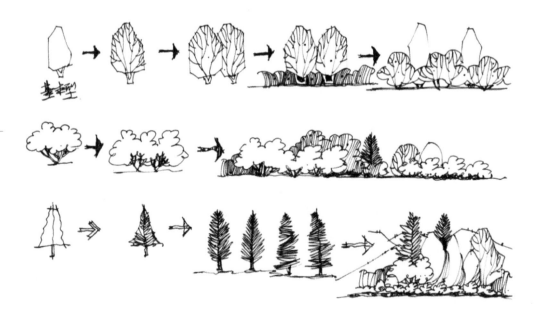

建筑手绘快速表现一本通

（2）棕榈科植物

　　棕榈科植物的树冠造型相对独特，树干修长且无分叉，要注意树冠与树干之间的比例关系。一般的画法：首先根据生长形态定出树冠的基本框架，其次再根据枝叶的生长规律细化出叶片详细的形态，最后再进行细节刻画（包括枝叶的前后穿插关系、明暗关系及树干的结构与明暗）。

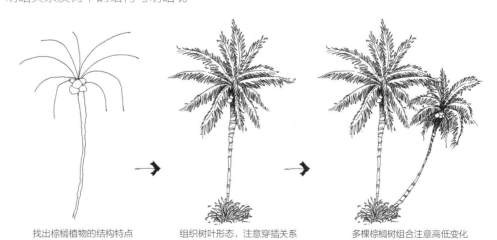

找出棕榈植物的结构特点　　　　组织树叶形态，注意穿插关系　　　　多棵棕榈树组合注意高低变化

SKETCH

（3）灌木类植物

　　灌木的植株相对矮小，没有明显的主干，呈丛生状态。一般可分为观花、观果、观叶植物等几类，是矮小而丛生的木本植物。单株的灌木表现与乔木相似，只是没有明显的主干，要注意疏密虚实的变化，抓住大的体块关系进行分块处理，切勿画得太琐碎。

（4）修剪类植物

　　这类植物的外形相对较几何化，所以在处理时要注意避免过于呆板，外轮廓线可以用自由的折线或波浪线。注意阵列的树要近实远虚，前后树交接处的明暗关系要明确。

（5）草、草坪、草坡

　　草地贴着地面生长并顺着地形变化，一般很矮很短，所以可以用小短线表达。也有少数长得稍长的草，可用双线表达，作画时注意前后穿插及层次即可。

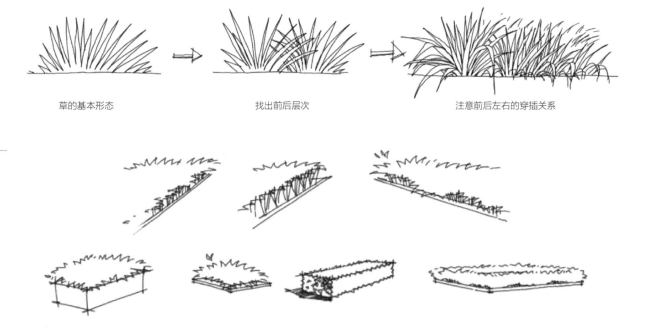

草的基本形态　　　　　　　　　找出前后层次　　　　　　　　注意前后左右的穿插关系

（6）挂角树

挂角树指的是用来填补画面的两侧或角落空白区域的植物。它的主要作用是补充画面两侧构图的平衡感，并起到画面收边的处理效果，同时增加空间层次感。挂角树一般都不会画成完整的树。

一些挂角树的处理方式如下。

（7）前景植物

多指画面前面低矮的植物，主要作用是对画面收边并增加层次，多以剪影的方式出现。

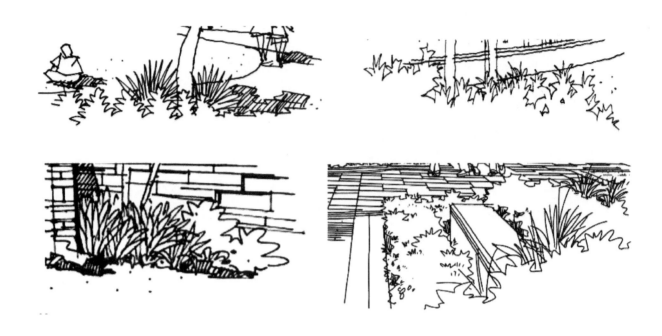

2.5.2　石头的线稿画法

石头是很重要的配景元素。画石头时要注意：石分三面，即在表达石头的体积感时，应用三个面塑造（亮面、灰面、暗面）。另外，注意暗面在排线的时候不要画得太实太黑，要留有透气的空间。石头用线要干脆，以显得硬朗。

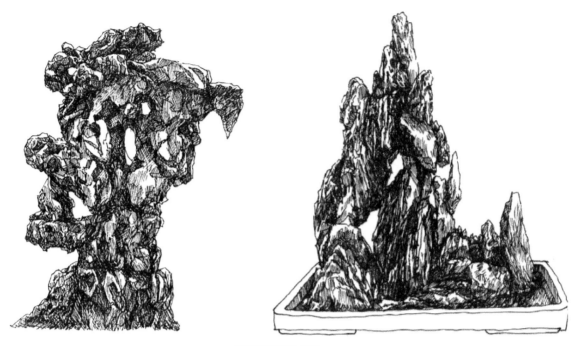

特殊形态的石头画法

2.5.3　人物的线稿画法

　　无论在室内还是室外的空间表达中，人物都可以起到点缀和活跃气氛的作用，可让空间更加生动、自然且真实。人物在画面中还有一个很实质的作用——直观地反映画面（空间）的比例尺度。

　　人物可概括为头、身、腿三个部分，作图步骤如右侧图。

画人物时要特别注意比例及动态，人体比例是以头长为单位计算的，通常为8个头长，比例如下。

① 下颚到乳头连线 ＝ 乳头连线到脐孔 ＝ 1头长。

② 耻骨到膝关节 ＝ 膝关节到脚跟 ＝ 2头长。

③ 两肩距离 ＝ 2头长。

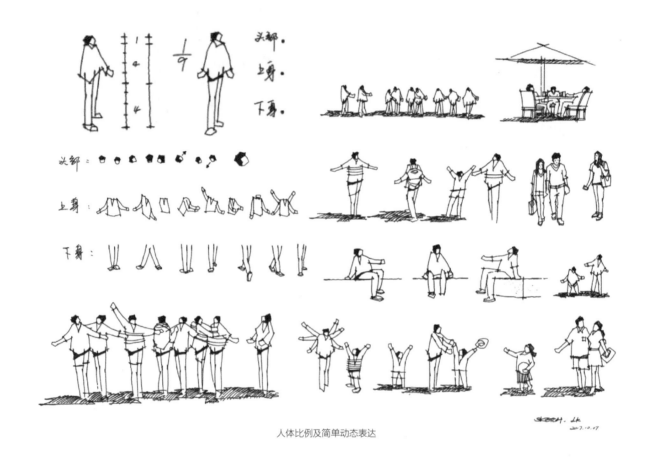

人体比例及简单动态表达

平时注意练习各种人物动态的表达，不同的画面配合不同的动态人物，可以更深入地丰富画面效果。

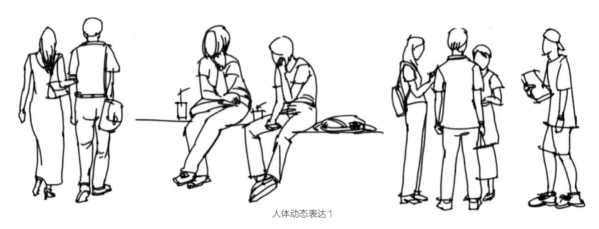

人体动态表达1

人体动态表达2

在表达人群时，比如广场或空旷场地上的众多人物，可以先将所有人的头都画在同一条线上（小孩除外），即视平线上。然后根据位置远近确定人的比例及高矮，就能营造出众多人物聚集的热闹场景，且不会显得杂乱无章。注意近处的人物要适当刻画其穿着细节及动态。

人物动态例图

2.5.4 交通工具的线稿画法

交通工具在画面中的作用和人物一样，能为画面增添生活气息，同样也能直观地体现空间的比例尺度关系。

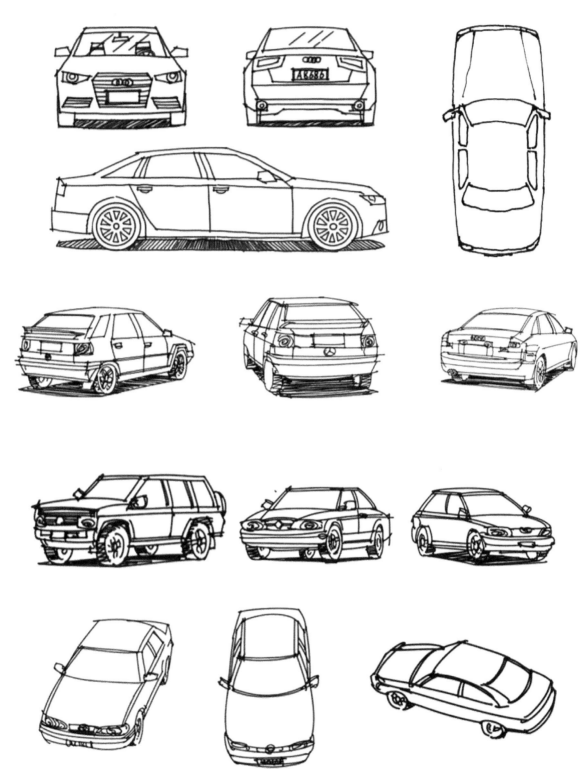

车辆手绘例图1

车辆手绘例图2

交通工具在画面中的应用1

交通工具在画面中的应用2

画汽车的注意事项:
汽车属于机械产品,画这类型的物体时,透视一定要把握准确,可以利用几何体切割法去画,车身和轮子要处理协调,注意前后多对比。

第3章　画面构图综合知识

3.1　构图概述

构图是一幅作品给观者的第一印象。简单来讲就是对画面的组织和安排，即画者把看到的物体经过筛选、概括后将其在画面中和谐统一地表现出来，是绘图时必须具备的基本能力。构图时要从以下几个方面来考虑：

① 根据对象形态来安排是横向构图还是竖向构图；

② 画面的图幅大小要适中，注意上下左右留出空间；

③ 主体物建议放在画面非正中间的位置，画面不要太过对称，在变化中找均衡；

④ 注意景物前后的穿插关系，让画面更丰富、更完美。

一幅画面由三个主要元素构成：近景、中景、远景。

近景：也称前景，离画者最
近，结构相对较清晰，单个物体
形态体量较大，但不是重点塑造
对象。

中景：主体物一般都属
于中景，是画面的重点塑造
对象，结构、形态要清晰，
细节刻画生动。

远景：一般多为远处的
山、树、楼房剪影等，形态
较自由，起到拉开空间层次
感和完善构图的作用。

3.2　视觉中心点

　　视觉中心点就是视平线与中心竖线相交的点，有时把视觉中心点从画面的中心位置向下移或横移，可以建立更有动态感的构图，从而获得更有趣的空间分布。我们一般将人视图的视觉中心点定在左下或者右下。

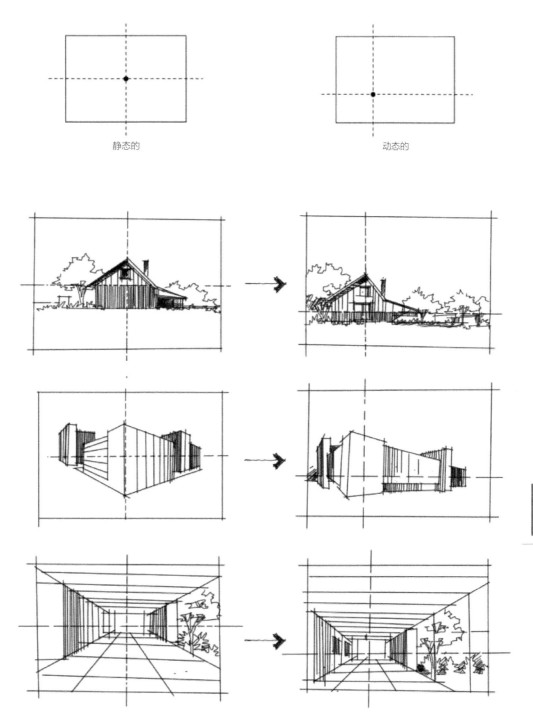

静态的　　　　　　　　　　　　　　　　　动态的

用不同的方式调配画面的景物形态，可以得到不同的效果。

平静　　　　　　　　　　　　协调　　　　　　　　　　　　动感

3.3　视平线、天际线、地沿线的变化

视平线：画者的眼睛所在的高度，由于画者站的位置不同大致可以分为人视图、鸟瞰图、仰视图等，视平线的高低也可以作为画面尺度的辅助。

天际线：画面与天空分离的一条边沿线，此线要有高低错落。

地沿线：画面与地面分离的一条边沿线，此线也要有高低错落。

大量的草图训练可以看出，视平线、天际线和地沿线对画面的空间塑造起到至关重要的作用。

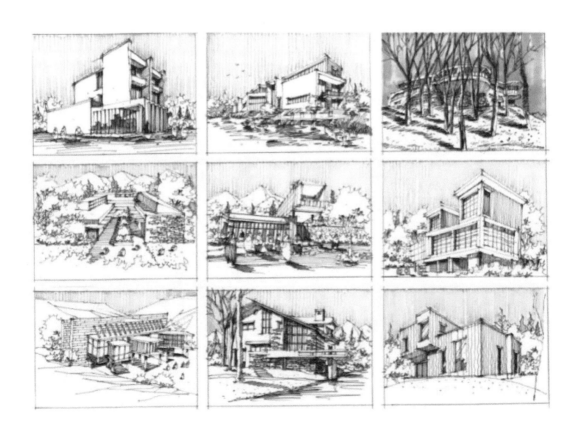

3.4 常用的构图方式

（1）"△"构图

适合表达一些高大或独栋的体量感相对较大、较稳重的建筑，由于三角形具有极强的稳定性，所以画面整体感觉很稳定。

（2）"C"形构图

也称环形构图，这种构图形式有种曲线美，使画面在稳定的同时又有动感，适合表达一些圆形的广场、湖面、滨水空间等。

（3）"S"形构图

这种构图形式将曲线的韵律美充分发挥出来，画面具有动感，适合表达一些道路曲折迂回或较幽深的空间。

注意画面构图的非对称性，过于对称的画面会显得呆板，可以在绘图的过程中增减一些配景，打破画面的对称感。

建筑主要面或入口前方的空间可适当留宽，这样画面才不会显得过于压抑。如果留白过多可用挂角树平衡画面。

画面不宜对称，但要均衡。可以通过物体在画面中的位置摆放、比例大小等变化，保持画面的平衡感。

3.5 画面内容的组成

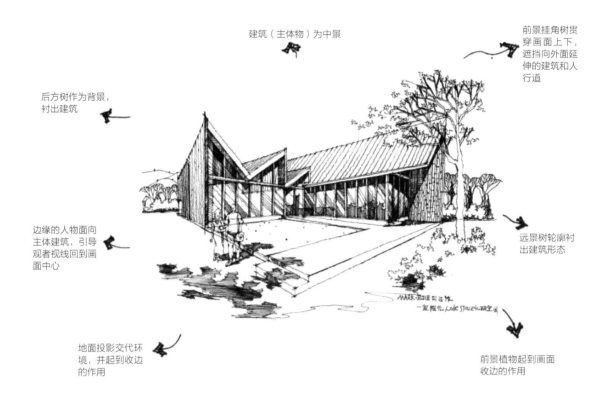

后方树作为背景，衬出建筑

建筑（主体物）为中景

前景挂角树贯穿画面上下，遮挡向外面延伸的建筑和人行道

边缘的人物面向主体建筑，引导观者视线回到画面中心

远景树轮廓衬出建筑形态

地面投影交代环境，并起到收边的作用

前景植物起到画面收边的作用

优秀构图范例

3.6 建筑线稿的表达与步骤解析

（1）单体建筑实例与步骤解析一

实景照片

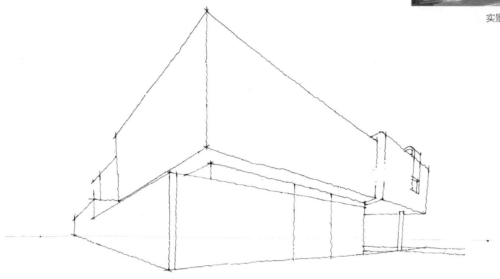

　　步骤一：仔细观察和分析对象，抓准视平线和消失点，然后画出形体主要的结构线，确定形体空间的比例关系。

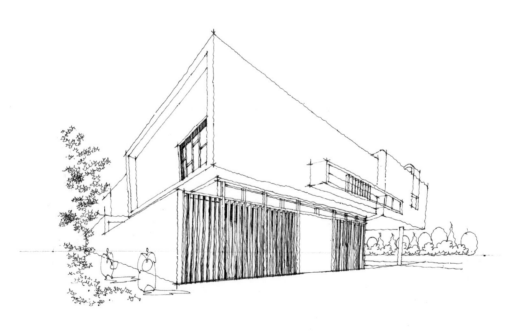

　　步骤二：深化结构（如门、窗、框架等），注意各种形体的厚度和材质，配景应先简单地画出轮廓以确定位置。

步骤三：将结构和材质进一步深化并刻画周边的植物、人物等配景，配景是空间的调味剂，对于提高画面的趣味性有重要作用。树丛的高低变化要错落有致，建筑光源方向要明确，把投影和背光面整体表现出来。

步骤四：加强光影，刻画结构细节，完善配景，丰富视觉中心，整体、综合地调整画面。最后用Ps软件填充了一个纯色的天空背景，以突出建筑主体和提高画面趣味性。

（2）单体建筑实例与步骤解析二

实景照片

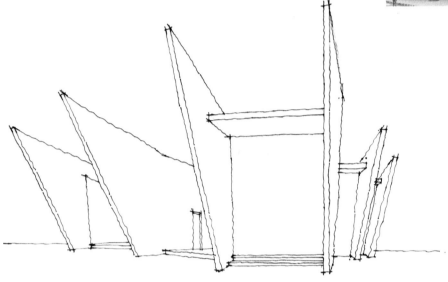

步骤一： 观察对象并确定视高与地平线。画出形体主要的结构线，确定形体和空间的比例关系，画的时候注意对比每条线的前后左右关系。

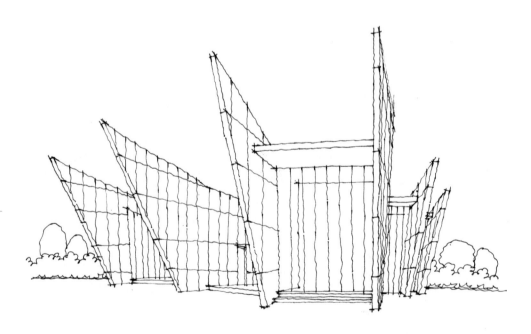

步骤二： 进一步深化结构，建筑墙面的材质在刻画时要注意比例和透视。配景先简单地画出轮廓确定位置，用以衬托建筑。

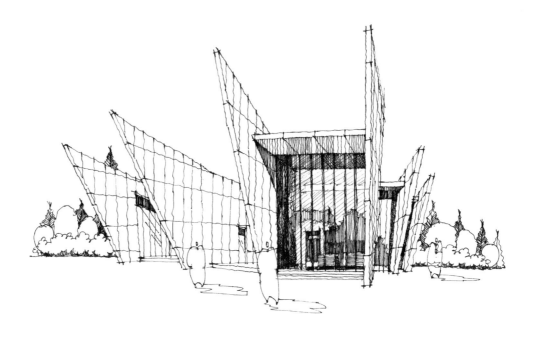

步骤三：刻画细节，注意建筑投影与背光面的统一性，由于投影比背光面明度低（即更暗），所以投影用了交叉排线的方式处理。注意植物要区分高、中、低与前、中、后的关系。

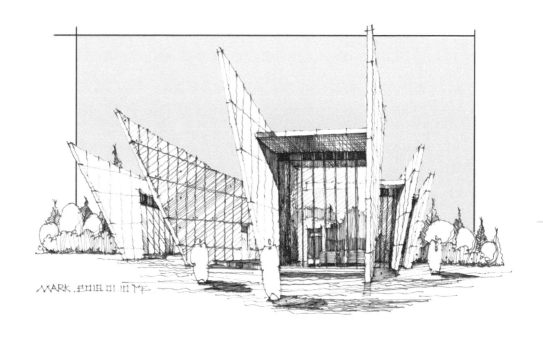

步骤四：加强光影，刻画结构细节，完善配景，丰富视觉中心，整体、综合地调整画面。最后用Ps软件填充了一个纯色的天空背景，以突出建筑主体并提高画面趣味性。

（3）单体建筑实例与步骤解析三

实景照片

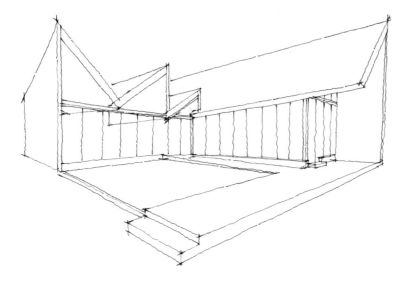

步骤一： 先画建筑主体，该空间属于两点透视，把握好透视和形体关系后再添加建筑厚度和门窗等。此处大面积的落地玻璃窗先用单线表达，注意每个窗的分割比例。

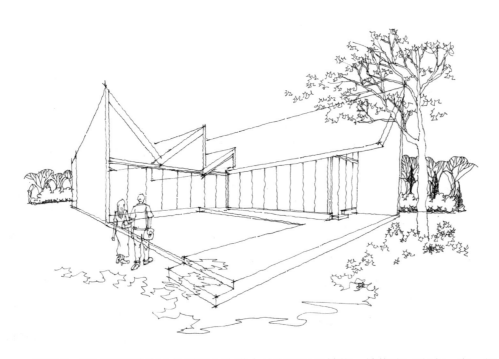

步骤二： 添加前景植物挂角树和收边灌木丛以及远景植物。植物应画出高、中、低的层次，收边植物简单处理即可，中景人物尽量朝向主体建筑。

步骤三：添加光影，刻画材质。去掉中庭里的树，因为它挡住了建筑主体，如果把树加上会削弱建筑张力，加大画图难度，建议初学者先不加。

MARK·四日叫旧作
一室阳光，Code Space化研空间

步骤四：刻画细节，添加远山，让画面再拉开一个层次。深入刻画建筑主体的材质与光影的变化，甚至刻画出玻璃的倒影。左边的前景添加收边投影，右边落款签名。

（4）单体建筑实例与步骤解析四

实景照片

步骤一： 先画建筑主体的外轮廓，建筑画在中景的位置，旁边可以添加些许碎石。

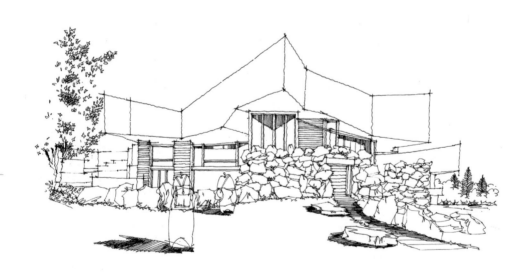

步骤二： 找出窗户和门的位置，添加收边乔木和两个人物，前面几个物体可先加上投影，使空间感更明确。

步骤三： 将所有物体画出后再进一步刻画建筑主体，建筑上半部分颜色较重，可以多花点时间刻画。去掉中间的大树，因为它刚好贯穿建筑中心，将建筑分成两半，这种类型的构图不建议画中间的树。

步骤四： 深入刻画细节，强化画面的光影效果。前面的石头画出亮暗面，石头后面的建筑窗户应尽量少画，让画面有黑白节奏变化。

（5）群组建筑实例与步骤解析一

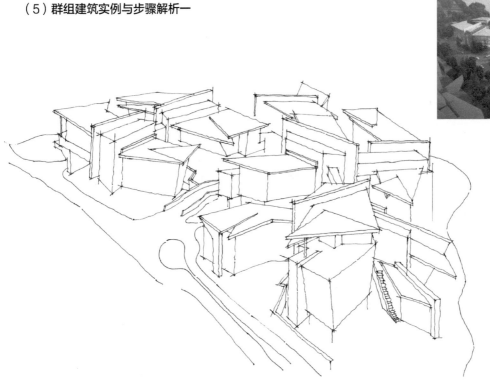

实景照片

步骤一： 认真观察对象，可先用铅笔打稿，然后再用墨线确定各建筑与交通路网的位置，注意强调前面的建筑结构。

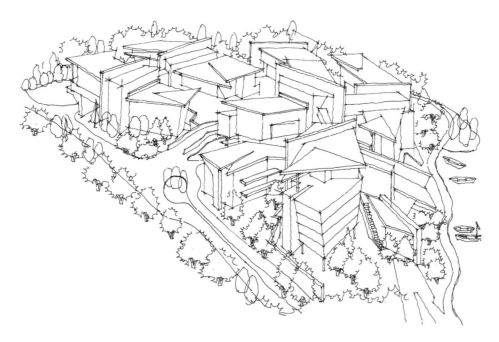

步骤二： 细化建筑形态和结构，清晰地画出路网和植物等配景。请注意，鸟瞰图中的树要尽量画得圆一些，并注意树与建筑物的比例。

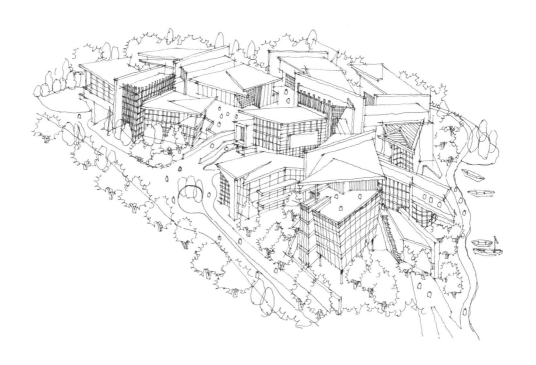

步骤三： 细致刻画建筑结构，并将材质表达出来，要注意区分疏密关系。进一步深化配景，可将人物等配景加上，注意人物要有聚有散。

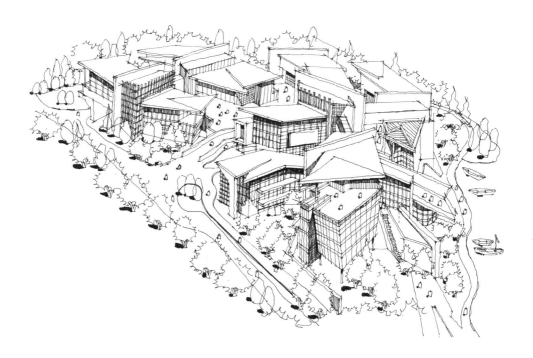

步骤四： 给画面统一光源位置，整体调整画面。刻画时应统一排线方向，避免线条过乱，也要注意画面的深浅过渡关系。

（6）群组建筑实例与步骤解析二

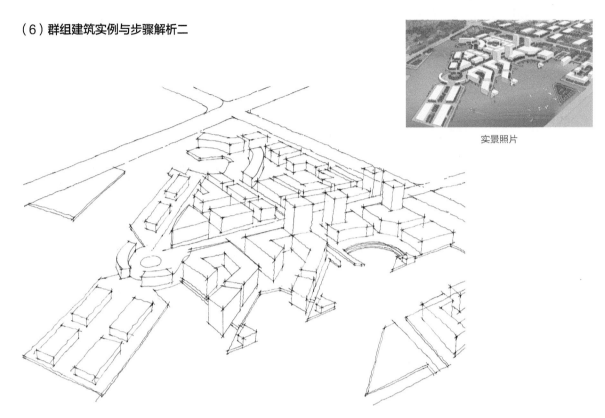

实景照片

步骤一： 先控制好地块透视，再定出路网，接着找出建筑的位置与高度，建筑和路网都以单线的方式去画。

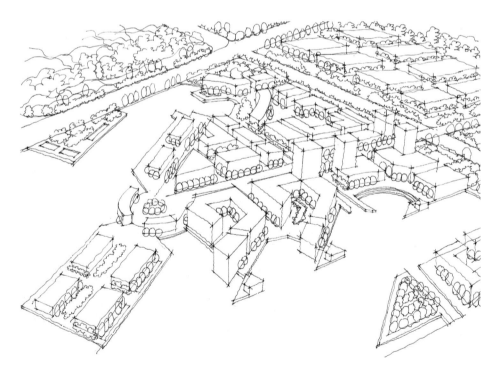

步骤二： 添加植物和山体等周边环境，道路旁的行道树都先用圆圈表达，根据三五棵一丛的规律去画，灌木使用云线绘制。

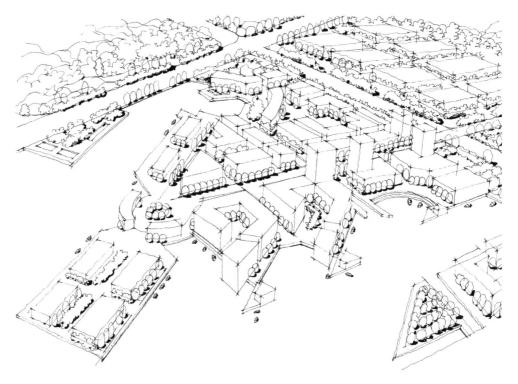

步骤三：添加植物投影，因植物投影不大，所以可以直接用重色粗笔去画，再添加一些小船，使画面更加生动。

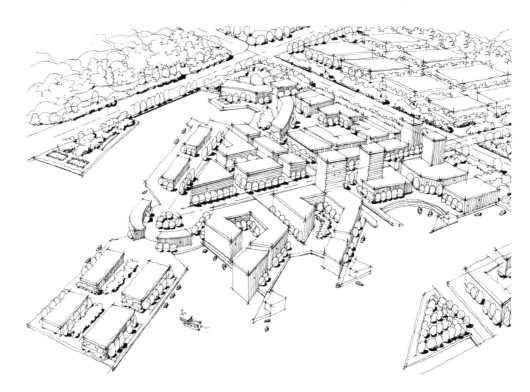

步骤四：丰富画面细节，表现建筑的体积感，在建筑暗面排一层线。最后再调整一下整体画面。

（7）群组建筑实例与步骤解析三

实景照片

步骤一： 先控制好地块透视，再概括出建筑的位置与造型。当建筑物的高度不同时，先画最高的体块，再切出矮的体块，可以用单线的方式去画。

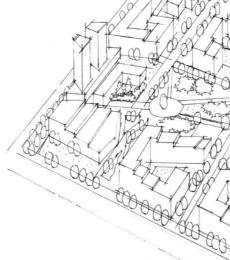

步骤二： 添加植物等周边环境，道路旁的行道树都先用圆圈表达，根据三五棵一丛的规律去画。灌木使用云线绘制，距离视点较近的植物可以用折线来增加视觉冲击力。

建筑手绘快速表现一本通

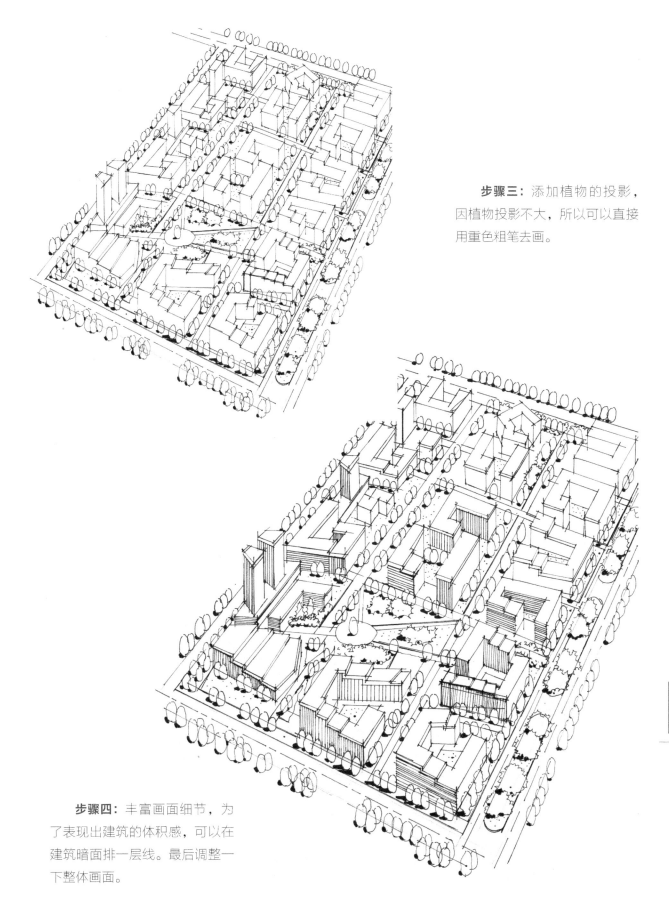

步骤三： 添加植物的投影，因植物投影不大，所以可以直接用重色粗笔去画。

步骤四： 丰富画面细节，为了表现出建筑的体积感，可以在建筑暗面排一层线。最后调整一下整体画面。

（8）建筑线稿临绘练习案例

实景照片

最终完成图

实景照片

MARk/主川17,12,28日,库里提巴文化中心/HARDT

最终完成图

实景照片

MARK 2017.12.23 归隐/闿恺

最终完成图

实景照片

最终完成图

实景照片

最终完成图

实景照片

最终完成图

实景照片

最终完成图

实景照片

最终完成图

实景照片

最终完成图

3.7 钢笔画的写生练习

户外写生能锻炼设计师的观察能力，培养很好的尺度感，增强对设计实际建成效果的控制能力。写生是在已经建成的环境里寻找一个好的视点，而设计是在场地内建立新的空间秩序。通过户外写生的方式去体会场地的微妙之处，对设计能力的提升和设计师的成长来说，有重要意义。

查济古镇实景照片（作者摄）

（1）写生实例步骤解析一

步骤一： 首先根据构图原则观察、分析景物，确定画面主体，并将其安排在画面最突出的位置。然后概括和取舍画面中的配景，并构思好整个场景的安排。作图步骤通常是先画前景，再画中景，最后处理远景，也可以从画面主体物画起，再往周边扩散。此作品就是先从中景的杂物堆入手（这里的物体比较繁杂，要注意利用疏密线条把物体形态拉开），先画物体外形，再画结构细节。要注意不同材质物体的用笔，如石材和木材用笔要刚硬一点，布和胶袋类用笔要柔和。

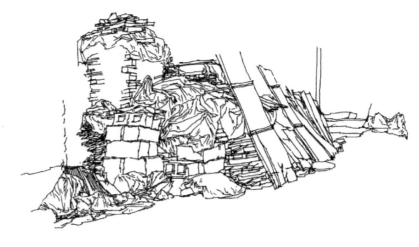

步骤二： 接着画杂物后边的房子，先把房子的外形画出来，注意比例关系，再画房子的结构。从门口开始画，注意门口右边杂物的穿插关系，要细致刻画，不要画得太过概括。画门口左边的柴堆时要注意物品高低的错落关系。

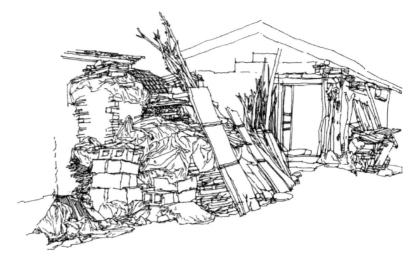

线稿篇

第3章 画面构图综合知识

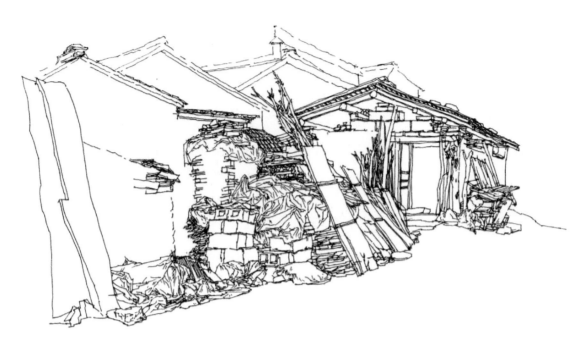

步骤三： 画后面被遮挡的房子，先勾勒大轮廓，再添加细节。注意房屋前后之间的比例及错落关系。前面的木板用线流畅、肯定，并注意收边处理；远处的房子用线要虚，可以用抖线或断线表现。

步骤四（最终成图）： 继续画前景的小房子，可将砖墙画得较密，让它与木板形成疏密对比，注意砖块的大小变化。再画后面房子的瓦片，墙体留白，使其与杂物堆形成疏密的对比，注意表现墙体的年代感。远景的树要概括处理，可把它画成一个剪影的形式，注意外轮廓的起伏变化。右下角的垒石与后面的树叶形成疏密对比。最后通过线条疏密来做画面的整体调整，让画面形成点、线、面的节奏感，区分物体的转折面与物体之间的前后关系。记住一句话：疏可走马，密不透风。

（2）写生实例步骤解析二

查济古镇实景照片（作者摄）

　　步骤一：认真观察比较，从前往后勾画出对象的大致外形，注意整体的透视走向、树的枝干的大体方向以及建筑之间的比例关系。

　　步骤二：从画面视觉中心的小房子开始深入，从上而下、从左到右，画房顶瓦片的时候要注意屋顶结构。接着画下面的农家杂物，先画出大体的外形与位置，切记先不要去刻画小细节。然后画右边树下的石凳和洗物台，还有边上的剑麻，画剑麻的时候要注意穿插关系。

步骤三：以蚕食式的行笔向四周扩展，先画出所有的瓦片，注意瓦片前后的大小变化，特别是徽派建筑马头墙的结构要表现出来。再画树，先画大枝干再画小枝干，注意三棵树之间的前后关系，画树重在画形，一定要注意外形的变化。

步骤四（最终成图）：最后这步主要是处理各物体的体积感和画面的空间感，以及各种细节的深化。通过组织线条的疏密对比，把物体的体积和空间表现出来，利用点和线去刻画物体的材质，加强趣味感。

（3）优秀写生案例

实景照片（作者摄）

查济古镇写生作品

实景照片（作者摄）

查济古镇写生作品

实景照片（作者摄）

查济古镇写生作品

实景照片（作者摄）

查济古镇写生作品

建筑手绘快速表现一本通

上民不函於发村.

外门八字门楼,座地朝南.

树室建於同治元年

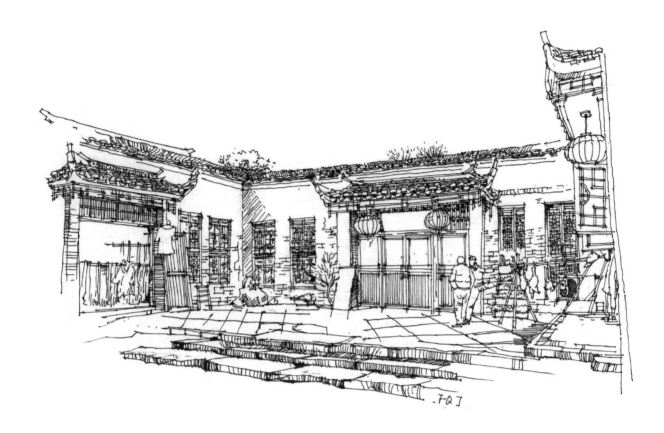

色彩篇

第4章 马克笔基础知识讲解

4.1 色彩基础原理

保罗·塞尚曾说过："只有色彩是真实的，它能使万物生机勃勃。"

色彩是最具表现力和感染力的绘画要素之一，可创造强烈的视觉效果。它不仅作用于人的感官，而且还会影响到人的心理。从手绘效果图的层面上来说，色彩的重要作用还体现在可以准确、生动、直观地表达设计对象的材质。

色彩三要素是指色相、明度和纯度。色相是色彩的基本属性，能够比较确切地表示某种颜色的名称，是色彩的最大特征。明度是指色彩的明暗、深浅、浓淡的程度，明度变化有两种情况：一是同一色相的不同明度；二是各种颜色的不同明度。每一种纯色都有与其相应的明度，如黄色明度最高，蓝紫色明度最低，红、绿色为中间明度。纯度指颜色色素的饱和程度，也就是一个颜色含灰色量的程度。

由于颜色会引起人的联想，在心里产生不同的冷暖感觉，所以可分成冷色和暖色两大类。冷色有蓝、蓝紫、蓝绿色、青色等，暖色有红、橙红、橙、黄橙色等。

色彩的明度、纯度和冷暖关系在手绘中有以下特点：

① 明度高的颜色有向前的感觉，明度低的颜色有后退的感觉；

② 高纯度色有向前的感觉，低纯度色有后退的感觉；

③ 暖色有向前的感觉，冷色有后退的感觉。

4.2 马克笔简介

马克笔对于忙碌的设计师们来说，是理想且常用的设计手绘色彩表现工具，它的特点是色彩丰富、干净清晰、使用方便、笔触快捷而概括，而且表达效果具有较强的时代感和艺术表现力。市面上的马克笔品牌繁多，色彩种类多达上百种。

马克笔分为水性和油性。水性马克笔色彩相对灰暗，容易伤纸，难以掌握，所以建议初学者使用油性马克笔。油性马克笔渗透性强，色彩比较滋润、饱和，手感滑爽。

油性马克笔基本不受纸张的限制，可以画在绘图纸、硫酸纸、玻璃、木板等材质上，可跟水性马克笔、彩铅混合使用。与其他工具不同，油性马克笔画出来的笔画几乎马上就干，且笔迹容易褪色，重要的画建议画完即刻扫描存档。

4.3 建筑手绘常用的46个色号

斯塔马克笔：CG1、CG2、CG3、CG4、CG5、CG7；
WG0.5、WG1、WG2、WG3、WG4、WG6、WG8；
BG1、BG3、BG5、BG7；
GG1、GG3、GG5、GG7；
29、25、36、104、120；
101、103、96、9、4、77。

法卡勒马克笔：168、239、240、111、101；
125、23、56、59、58；
100、57、62、106。

其中斯塔马克笔32支，法卡勒马克笔14支，共46支。

建议将马克笔按色调分类进行色卡的绘制，便于绘图时快速找出需要的色系。可大致分为：暖灰色系、冷灰色系、蓝色系、绿色系、棕色系（木色系）、红色系等。

斯塔+法卡勒常用标准46色色卡					
冷灰					
CG1	CG2	CG3	CG4	CG5	CG7
暖灰					
WG0.5	WG1	WG2	WG4	WG6	WG8
蓝灰					
BG1	BG3	BG5	BG7		WG3
灰绿					
GG1	GG3	GG5	GG7		
亮黄色					
29	25	36	104		
木色					
101	168	103	96		
蓝色					
239	240	111	101		
亮绿					
23	56	59	58		
绿灰					
100	57	62	106		
红紫					
9	125	4	77		
黑色					
120					

4.4 马克笔的基本笔法

一幅优秀的马克笔表现图应具备准确的透视、严谨的结构、和谐的色彩和豪放的笔触。学习马克笔表现时，笔法的灵活运用是初学者面临的第一个难题。由于对马克笔工具及配色的不熟悉，通常会出现笔法生硬、过渡不自然、叠加颜色脏乱的情况。因此，用马克笔绘图时应该注意以下几点：

① 行笔肯定、利索，要注意速度和笔触的平稳，由于马克笔易干，所以保持一定的行笔速度才会让画面显得通透；

② 大量常规的训练会让你熟悉马克笔属性，灵活转换行笔的角度会呈现出不同的笔触效果；

③ 由浅到深地叠加（因为马克笔浅色不能覆盖深色），在笔触未干透前进行叠加可画出自然的深浅关系；

④ 斜头可画出粗细变化的笔触，圆头可进行细节的处理以及轮廓的描绘；

⑤ 切勿大面积平涂，要注意局部留白。

斜头/圆头

斜头7mm

圆头1mm

马克笔的粗头一般用于大面积润色

马克笔的圆头一般用于勾画细节

基础的马克笔排线和叠加训练必不可少，重复的排线训练会对后期马克笔的笔法灵活运用有极大的帮助。笔法训练可分为横向行笔、竖向行笔、斜向行笔、侧锋行笔等，应做到熟练、灵活地控制马克笔的运笔方向和速度。

（1）马克笔正确用笔方式

笔头充分接触纸面，用力均匀，一气呵成，中途不可停顿、犹豫。

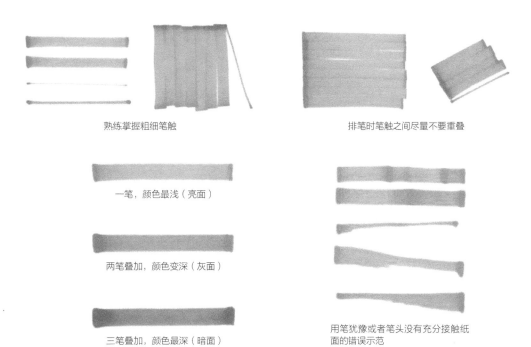

熟练掌握粗细笔触

排笔时笔触之间尽量不要重叠

一笔，颜色最浅（亮面）

两笔叠加，颜色变深（灰面）

三笔叠加，颜色最深（暗面）

用笔犹豫或者笔头没有充分接触纸面的错误示范

（2）马克笔的叠加

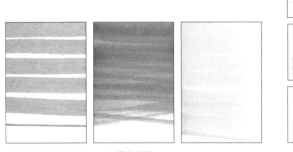

横向行笔

侧锋行笔

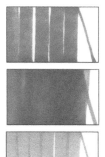

竖向行笔

4.5　干湿画法及叠加技巧

4.5.1　叠加与笔触

马克笔的叠加润色是手绘中很重要的技法，我们需要通过大量练习来熟练掌握马克笔配色规律和叠加技法，同时在练习过程中，也要不断积累物体和空间材质的色系搭配。马克笔色彩繁多，每支型号都隶属于一个固定色系，每个色系都由浅到深设置，而多支马克笔的叠加会带来更多的可能性。

马克笔颜色叠加练习一般分三种：单色彩叠加、同类色彩叠加、多色彩叠加。

（1）单色彩叠加

单色彩叠加也就是只用同一支马克笔，通过叠加的次数不同得到深浅不同的效果。叠加次数越多，画出来的颜色越深，但建议叠加最多不超3次。

第一遍铺色　　　第二遍铺色　　　第三遍铺色

（2）同类色彩叠加

同类色彩叠加是通过同一色系的马克笔由浅到深地叠加，而得到深浅不同的效果。比起单色彩叠加，颜色会更丰富。

第一遍铺色　　　第二遍铺色　　　第三遍铺色

（3）多色彩叠加

多色彩叠加是通过相近或相似色系的马克笔由浅到深地叠加，从而得到深浅不同的效果。比起单色彩叠加和同类色彩叠加颜色会更丰富。

第一遍铺色　　　第二遍铺色　　　第三遍铺色

4.5.2 干湿画法

马克笔的叠加笔法可分为干画法和湿画法。干画法是指在第一遍颜色干了以后再继续叠加下一遍笔触，笔触感会较为明显，更能体现物体粗糙刚硬的质感。湿画法指在底色未干时叠加第二遍颜色，两种色彩有相融效果，没有生硬的笔触感，过渡自然，更能体现物体光滑和柔软的质感。作画时可以根据需要选择相应的画法。

干画法适合表达一些相
对粗糙的材质

湿画法适合表达一些相
对光滑的材质

4.5.3 马克笔笔法综合练习

（1）同色系叠加的干湿画法

同一个色系叠加的干湿画法练习，画法步骤为从浅到深，注意渐变处的自然衔接。使用干画法时，笔触之间的重叠要紧密，每层结尾处可以使用笔头侧锋，用小笔触让过渡更自然；使用湿画法时应在底色未干时叠加第二遍颜色，过渡部分笔触要稍快才能更自然地衔接。

同色系叠加（干画法）

同色系叠加（湿画法）

（2）单色叠加灰色的干湿画法

单色叠加灰色的干湿画法练习，画法步骤为从彩色到灰色，注意最好选择明度相差不大的色号练习。使用干画法时，笔触之间的重叠要紧密，每层结尾处可以使用笔头侧锋，用小笔触让过渡更自然；使用湿画法时应在底色未干时叠加第二遍颜色，过渡部分笔触要稍快才能更自然地衔接。

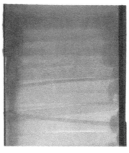 

单色叠加灰色（干画法）

单色叠加灰色（湿画法）

（3）不同色系叠加

不同色系的叠加一般都采用湿画法，画法步骤为先铺底色再覆盖叠加的颜色，注意要在底色未干时画第二遍颜色，过渡部分笔触要稍快。

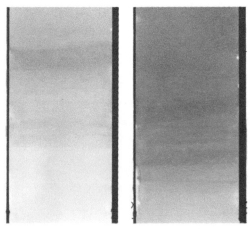
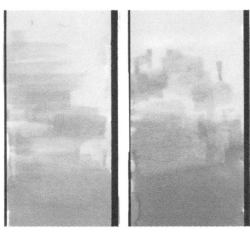

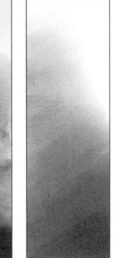

不同色系叠加（湿画法）

不同色系叠加（湿画法）

冷色用冷灰叠加

暖色用暖灰叠加

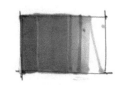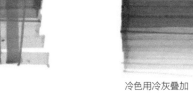

叠加和渐变练习

4.6 马克笔体块上色练习

对于初学者来说，马克笔的几何体块上色练习是非常重要的阶段。几何体虽然结构简单，看似难度不大，但却可以综合训练马克笔处理建筑结构的技巧。在训练的过程中，既要注意笔法和透视，又要注意物体的形态，还要注意明暗关系的处理，这个训练过程糅合了马克笔排线、叠加、渐变、收边等训练内容。

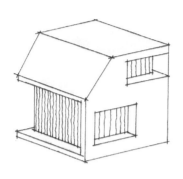 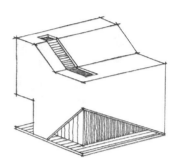

步骤一： 遵循从浅到深、从亮到暗的原则。首先从体块的亮面开始上色，接着是灰面和暗面。

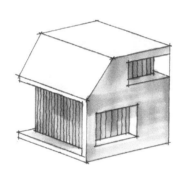 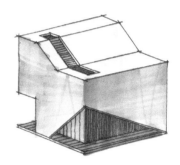

步骤二： 换一支偏中灰色的笔处理暗灰面，绘制过程中的笔触应尽量保留，避免反复涂抹。接着刻画其他细小结构，铺色时要根据光影关系处理明度。

 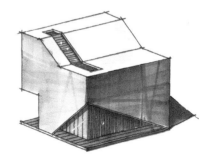

步骤三： 继续换一支更重的笔加强暗部和体块的对比度，同时把投影补充完整。继续完善细节，如高光和细部投影、厚度等。

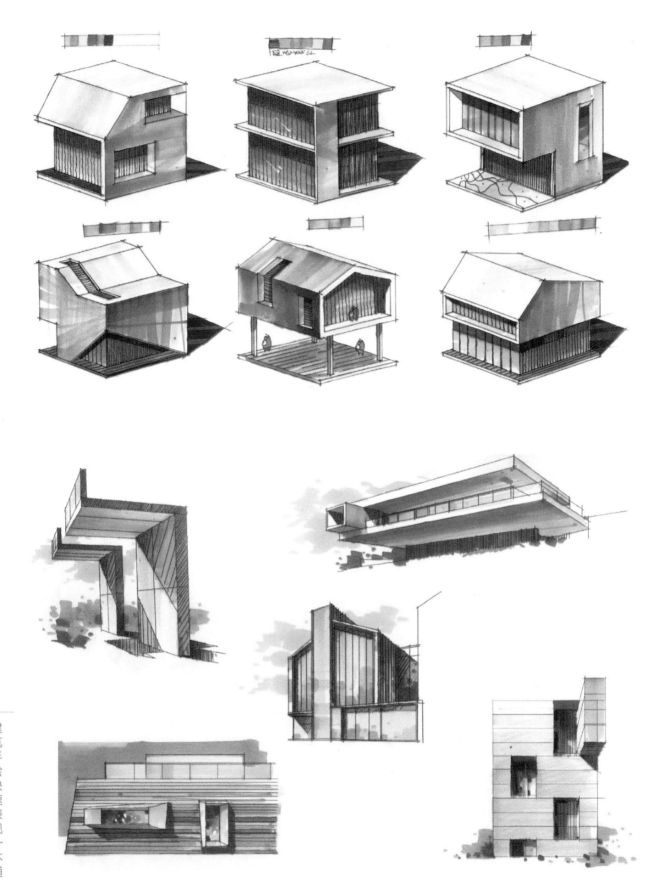

第5章　建筑配景的色彩表达

5.1　植物的马克笔画法

5.1.1　植物在画面中的色彩处理

植物配景是构成空间的最重要的表现元素之一。随性的线条表达出自然的形态，在平面图和透视图中，植物不仅能扩大视域，还给我们的图纸带来更婉转、生动的感觉。自然界中的植物造型千姿百态、形形色色，在手绘图纸表现中，我们大致可将其分为前景、中景、远景三个层次。

根据不同的层次要求，作画时的侧重点也各有不同：一般情况下，前景植物要刻画细致，用于协调构图和收边，将色彩和层次穿插关系深入塑造出来；中景植物一般用于配合画面主体建筑，应简练概括，色彩层次简洁、通透；远景植物用于空间拉伸，交代其大致轮廓和色彩即可。

5.1.2　植物常用笔触及颜色

马克笔画植物常用到"揉笔"的笔法进行上色。通过马克笔的侧锋来回揉动，让笔触形成块状。画时要注意色块的形状变化和颜色的融合，尽可能显得自然一些。暗部可以多揉几次。

植物常用颜色：
23、56、62、106、
GG1、GG3、WG2。

5.1.3 常用植物马克笔笔法与步骤解析

（1）基础植物的画法

步骤一： 先将植物形态的线稿勾勒出来，用23号色画树冠，打底平铺（注意留白），行笔速度要快，画出深浅的变化。再用暖灰色WG0.5号色平涂树的枝干。

步骤二： 在底色23号色的基础上，对树冠暗部叠加56号色，进行层次的加深。注意深浅过渡，可采用点状笔触，突显自然的感觉。树干使用WG1号色进行暗部加重。

步骤三： 最后用62号色叠加树冠的暗部，树冠的留白处用黄绿色进行点缀，树干用WG4号色加重暗部，加强立体感。再选一个草坪的颜色画树下的草，作为树的收边。

（2）棕榈科植物画法

棕榈科植物也是建筑配景中常见的植物，其造型独特，在空间中只要用线稿将前后叶片穿插关系交代清楚，再根据空间的光影将受光面、背光面和明暗交界块面表现出来即可。

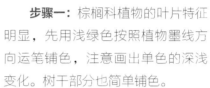

步骤一： 棕榈科植物的叶片特征明显，先用浅绿色按照植物墨线方向运笔铺色，注意画出单色的深浅变化。树干部分也简单铺色。

步骤二： 根据植物叶片自身的深浅变化，选择一支偏冷色的绿色马克笔局部加重，区分出受光面和背光面，让叶片部分的颜色显得有层次。

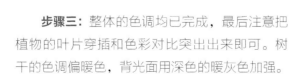

步骤三： 整体的色调均已完成，最后注意把植物的叶片穿插和色彩对比突出出来即可。树干的色调偏暖色，背光面用深色的暖灰色加强。

（3）灌木丛的画法

　　灌木丛是空间造景的必备元素之一，常用来软化建筑边界和造景组团关系。在马克笔上色时我们需要注意色相之间的区别，当几种植物组合在一起时，要注意各色相之间的深浅、留白与阴影之间的统一。

　　步骤一： 先将草本植物、花卉类植物、灌木类植物进行色相的区分，着色时先从浅色入手，用同一色号画出单色渐变。

　　步骤二： 将低、中、高层次的色相区分后，进行同类色叠加，中高型植物画出三层颜色的过渡，小型植物可平涂，可以用点笔的笔触来处理。

　　步骤三： 叠加重色，加强对比。最后一步将前景的每个单体塑造完整，树冠留白处添加一些暖色，把植物层次表现出来即可。

（4）植物综合训练

5.2　山石的马克笔画法

无论是写生还是设计项目中，石头都是常见的建筑配景，而置石也是景观设计中常用的手法，使用马克笔上色时下笔一般要肯定、果断。

5.2.1　石头常用笔触及颜色

石头质感较为坚硬锋利，使用的笔触一般可以干脆、肯定一点，亮灰部可多使用干画法。

马克笔与彩铅结合使用的效果

石头常用颜色：
WG0.5、WG1、WG3、BG5、111。

5.2.2　石头马克笔笔法与步骤解析

马克笔画石头时先用浅色进行平涂，注意用笔要肯定、利索，然后在背光面叠加重色画出石头的立体感。同时利用冷暖色表现出石头亮暗面的色彩对比关系，注意石头表面的凹凸质感，阴影通常用重色。

步骤一：先用石头的固有色平铺一层颜色，亮暗部使用纯度与明度不同的两支笔，注意笔触不可以过于琐碎，以大笔触为主。

步骤二：继续刻画灰部和暗部，加强亮暗的对比，画出周边环境，注意保持亮暗面的对比关系。

步骤三：刻画石头纹理细节和周边环境细节。在石头暗部可以点缀互补色和环境色，以丰富色彩关系。但要注意避免过于杂乱或显得花俏，所以纯度不宜过高，互补色面积不宜过大。

5.3 天空的马克笔画法

在建筑空间手绘表现图中，天空占据很大面积，可谓是重中之重。天空的塑造主旨是为了更好地衬托出建筑主体，也起着均衡构图的作用，所以在手绘中，天空的刻画不宜太过抢眼。一般情况下，马克笔不适合大面积平涂，所以在用马克笔画天空时，寥寥几笔突显主体即可，彩铅适合大面积的平涂和塑造云朵的造型。

（1）平涂天空画法
用湿画法平涂即可，注意整体要隐藏笔触。不过，这种画法较少用到。

（2）揉笔天空画法
用湿画法揉笔时要注意造型和明度，避免明度没变化和造型过于平整，此画法最好一遍成形。

（3）彩铅排线画法

彩铅排线叠加时线条的方向要整齐，云朵部分留白处理，在处理整个空间的时候要注意前后有深浅变化，这样更能体现空间层次。

（4）彩铅扫笔画法

彩铅扫笔时可以使用轻松的、稍有变化的连续排线，注意即使自由地排线也要服务于整体画面，不可过于凌乱，避免喧宾夺主。

5.4 水景的马克笔画法

　　水景设计中，水的处理手法有平静的、流动的、跌落的和喷涌的四种基本形态。平静的一般包括湖泊、水池、水塘等；流动的包括溪流、水坡、水道等；跌落的有瀑布、水帘、叠水、水墙等；喷涌的有喷泉、涌泉等。

　　水景的马克笔上色通常分为"动态"与"静态"：喷泉、跌水等动态水景应该注意行笔由上往下飘笔，画出水帘的感觉；静态水面应进行平涂和叠加，画出倒影感觉即可。

（1）平面图中的水体表现

（2）动态水体表现

（3）静态水面表现

在处理平静水面的时候，也可以综合使用彩铅，特别是在处理较亮的水面时。在使用彩铅刻画水面的时候注意笔触的排线方向要整齐，整体以色块的造型呈现。

5.5　人物的马克笔画法

　　人物的添加就像是给环境加上一些生活细节，给画面注入一股活力，既能增强空间的尺度感，也有助于增加感染力，让人仿佛身临其境。人物的动态和着装能进一步说明空间的功能性，上色时应该注意人物的色彩统一性，近景人物上色要强调服饰上的颜色变化，远景的人物象征性地平涂即可。

（1）人物上色步骤解析一

步骤一： 先将衣服的固有色平铺一遍，注意要根据光影关系和褶皱关系，简单交代深浅颜色。

步骤二： 用灰色继续强化光影关系，增加衣服细节，接着把人物的肤色铺上，同样要注意区分明暗部。

（2）人物上色步骤解析二

步骤一： 先将衣服的固有色平铺一遍，注意要根据光影关系和褶皱关系简单交代颜色，在色彩搭配上要和画面的整体空间相融合。

步骤二： 用灰色或者同色系的深色笔继续强化光影关系并增加衣服细节，接着把人物的肤色铺上，同样要注意光影关系和整体画面色彩的和谐。

5.6　汽车的马克笔画法

　　汽车在画面中的作用跟人物一样，能增强画面气氛和作为比例参照，但汽车在画面中所占的面积小，所以着色时更要简练和概括。注意汽车上色时的通透感和光感体现。

汽车上色步骤解析

　　步骤一： 汽车在画面中起到活跃画面和比例参考的作用，但是所占面积不大，作为配景我们不做深入的细节刻画。首先选择汽车固有色平铺车身，注意光影关系，受光面留白或者用浅色。

步骤二：继续把轮子和车窗的颜色铺上，同样注意光影关系和车窗的反光留白。

步骤三：继续深入刻画，把明暗对比度加强，同时可以用高光笔把玻璃反光加上，再用较深的颜色将投影补充完整。

建筑手绘快速表现一本通

提高篇

第6章　建筑材料与空间效果图步骤详解

6.1　建筑材料的马克笔表达

建筑装饰材料用于建筑物表面（如墙面、柱面、地面及顶棚），除了对建筑物起装饰美化作用和满足人们的美感需求外，还能保护建筑物主体结构和改善建筑物的使用功能。不同的材质具有不同的肌理、颜色和工艺结构，在光的作用下也会出现不同质感，突显不一样的效果。比如石材在光的作用下会产生漫反射、光晕的效果等，那么在马克笔使用上也应考虑该材质的特性和因受光产生的效果。

6.1.1　砖材

相对于其他建筑材料来讲，砖的造价相对低廉，制造工艺有着悠久历史，在传统建筑中是最常用的建筑材料之一。砖材质感粗糙，砖缝凹凸感明显，常见的砖材分为暖色和冷色。在马克笔的使用上要注意砖缝的深浅特性，同时适当留白。

（1）砖墙上色步骤解析

步骤一： 先选择所需要的砖墙固有色快速平铺一遍，接着在需要着重刻画的部分用同一支笔加重部分砖块，注意要错落有致。

建筑手绘快速表现一本通

110

步骤二：继续用灰色叠加，以加强砖块的层次，注意也是错落有致的进行。在处理空间效果图时要注意根据画面构图和光影等合理安排刻画层次。

步骤三：最后可以用同色系彩铅修饰暗部，刻画裂痕，一般砖块与砖块之间的空隙需要处理成暗部。彩铅既可以加强光影关系也可以塑造砖块的粗糙质感，但注意整体笔触不能过于明显。

（2）其他砖材样式

6.1.2 石材

石材也是建筑中最常用的外立面材料之一，尤其常用于各类中高档公共建筑。天然石材中常用于室外墙面的主要类型是花岗岩，花岗岩性质坚硬、强度高、耐久性及耐磨性能良好。人造石材主要有人造大理石、水磨石、文化石等，它们以天然石材为原料经过人工技术加工而成，基本保持了自然石材的外观特征。

（1）石墙上色步骤解析

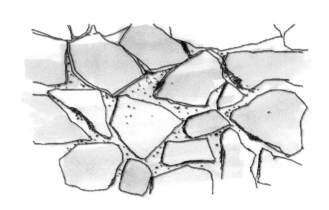

步骤一： 选择石头的固有色平铺一遍，但注意要有深浅变化和笔触变化，深浅可以根据光影关系和周边物体情况合理安排。

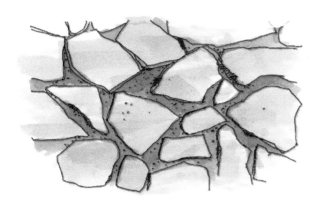

步骤二： 用灰色把石块底部的泥土或混凝土部分加重，空隙较大的地方要注意明度变化，可以在靠近石块的地方适当加重。

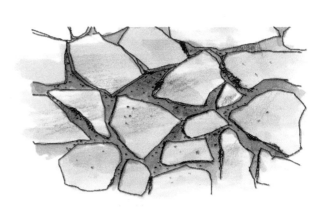

步骤三： 用互补色或者环境色丰富暗部和亮部，还可以在需要加重的部分叠加彩铅，以更好地塑造质感和光影关系。

（2）其他石材样式

6.1.3　木材料

　　木材同样也是常见的建筑材料之一，最常见的种类可以归纳为纹理清晰的和表面光滑的两类木材，我们在用马克笔表现的时候将其特性表达清楚即可。

（1）木材上色步骤解析

　　步骤一： 选择木材固有色进行平铺，注意平铺时的轻重变化，可以在木纹密的地方稍微加重。这一步以大笔触为主，用笔要干净利索。

　　步骤二： 继续用同一支笔或同色系的深色笔刻画层次，根据木纹的纹理和光影变化加强轻重对比，这一步可用湿画法小笔触刻画。

步骤三： 这一步主要是刻画细节，如高光、质感、裂痕等，可用彩铅在需要加重的部分排笔叠加，加强木材的粗糙质感。注意笔触不能过于明显。

（2）其他木材样式

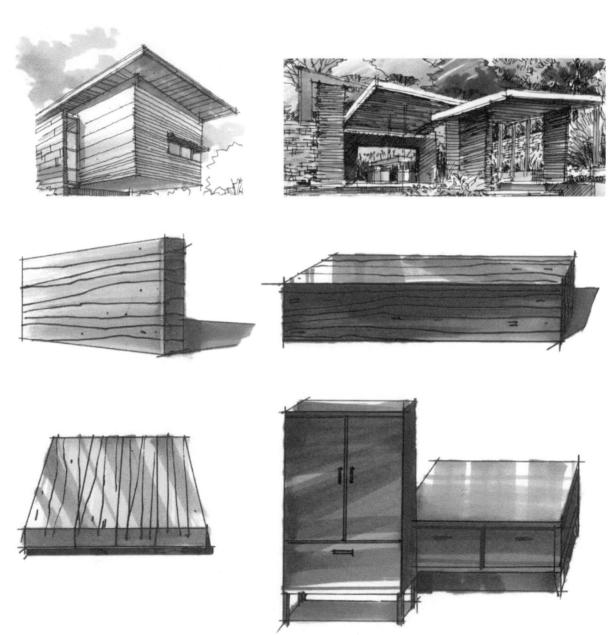

 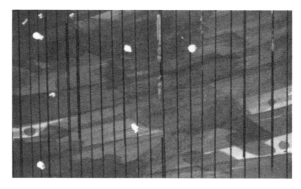

6.1.4 玻璃材质

玻璃材质的处理对于初学者来说是痛点，因为玻璃都是比较通透的，如果一开始没有找对颜色就会越画越闷。绘制比较透明的玻璃时，就需要把画面延伸到室内，把室内的空间以及物体概况表达出来。用马克笔表达时需要注意快速地运笔，让笔触形成渐变，反射强的还要画出倒影。

（1）玻璃上色步骤解析

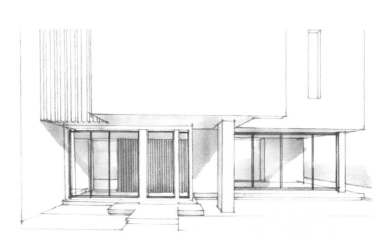

步骤一： 刻画玻璃时要先画透过玻璃看到的物体，注意要稍微降低物体的纯度和对比度，同时画出房子的投影。

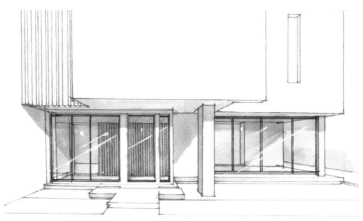

步骤二： 把玻璃的颜色直接叠加上去，笔触要干净、笔直，笔触组合要有深浅变化，最后再用高光笔画上反光即可。

（2）其他玻璃样式

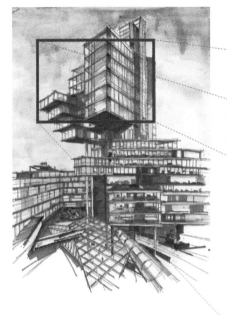

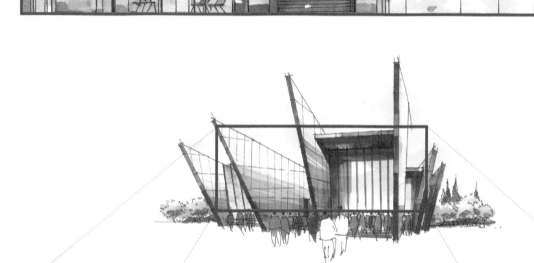

第6章　建筑材料与空间效果图步骤详解

6.2 空间效果图绘制总述

（1）线稿部分的绘制过程

① 在开始画线稿之前，首先要考虑好构图的形式。构图构思成熟后可用铅笔起稿。先定下视平线的位置，再从空间主体物或空间尺度较大的部分开始，把每一部分的相应结构都大概定位。

② 在用黑色绘图笔描绘前，要思考清楚哪一部分作为重点表现主体，然后从这一部分着手刻画。线稿刻画先从主体大轮廓开始，再到小结构、配景、质感和光影，切忌面面俱到、缺少主次。

注意：绘制大的结构线时可以借助于工具，小的结构线尽量直接勾画，这样可以避免画面的呆板。

③ 线稿刻画完后，需要根据画面调整构图，空间层次较少的可以增加远景植物或收边植物等延伸空间层次。最后把配景及主体细节补充到位，进一步调整画面的疏密层次，使其错落有致，更能区分物体与物体间的关系。

以上是黑白稿的绘图过程，这个过程应注意几点。

① 线条的运用要注意力度，用长线搭建主体大框架时要注意处理节点，不可用力太重；短的材质线要干净、利索。

② 空间透视和比例关系要准确。

③ 巧妙运用材质的疏密，使画面美观并具有层次感，如砖墙、玻璃、石材、草地等。

④ 注意物体亮暗面的刻画，亮部可多留白，暗部可叠加层次，以增强物体的立体感和画面空间感。

（2）色彩部分的绘制过程

① 构思：先考虑画面整体色调，再考虑局部色彩对比。动笔刻画时先从主体物入手，由大块面到小块面，颜色从浅到深。

② 大效果：整体画面的第一遍上色顺序可先从主体物开始再到配景，颜色以物体固有色为主，注意笔触要肯定、干净、利索，尽量不让色彩渗出物体轮廓线。

③ 深入刻画：第一遍颜色过后，先从主体物开始刻画细节（如从笔触的变化、色彩的变化、光影的变化和疏密的变化等进行综合表现），再将画面没完成的部分补充完整，最后必要时加上天空等。

④ 调整画面：先检查画面的主次关系和前后空间层次关系，最后调整画面平衡度和疏密关系，用修正液修改错误的结构线和渗出轮廓的色彩，同时提亮物体的高光点和光源的发光点。

6.3 一点透视完整画法举例

实景图片

步骤一：注意透视规律，这是一张一点透视图，可先用铅笔定出视平线高度、透视方向和比例关系。交代主体建筑的比例关系，门窗、护栏、植物配景等细节可在下一步补充。

步骤二：将建筑的结构及细节表达清楚，并通过周边植物将建筑的轮廓烘托出来。周边的植物等配景的疏密程度可根据建筑调整，建筑疏则植物可以稍微密，反之则相反。

步骤三：继续完善线稿。将建筑的材质和光影表达清楚，材质也可以根据光影关系主要刻画背光面的部分，可添加几个人物提高画面的趣味性。

步骤四：第一遍上色从浅色开始，注意区分物体的固有色。植物的绿色在铺的时候要注意亮面留白，天空用侧锋画出云朵形状。

步骤五：丰富画面光影效果，区分亮暗面，刻画细节。

步骤六：最后加强光影，整体调整画面，点缀人物的颜色。

6.4　两点透视完整画法举例

实景图片

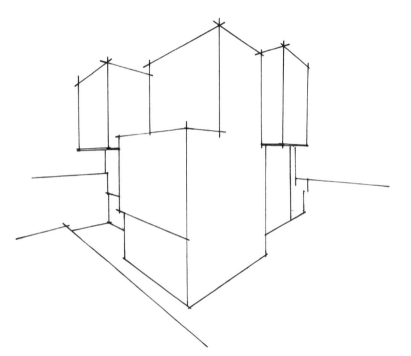

步骤一： 先确定画面的透视方向和比例关系。从主体物的建筑轮廓开始下笔，注意线条要干净利索，可以用尺子辅助线稿，干净的线稿便于后期上色。这一步主要交代主体建筑的大比例关系和轮廓即可，门窗等结构以及植物配景等细节可在下一步补充。

步骤二： 深入刻画画面的细节，补充完整门窗等结构以及植物配景等。另外，所有的细节刻画应该集中在画面主体也就是建筑上，配景可根据建筑疏密情况进行调整，使得主次关系更明确。

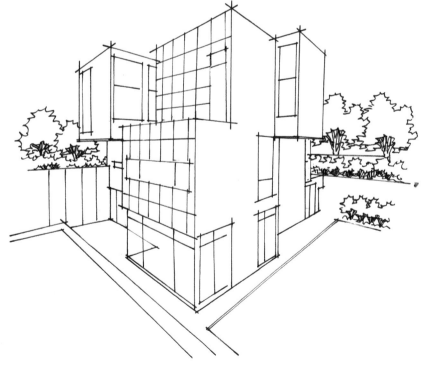

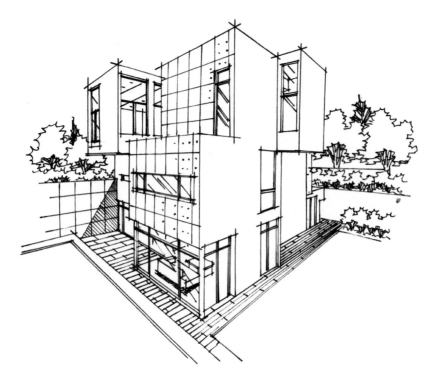

步骤三：加强画面的疏密对比，根据光影关系进一步完善材质和植物的细节及层次，另外，处理材质的透视面时要注意遵循透视规律。

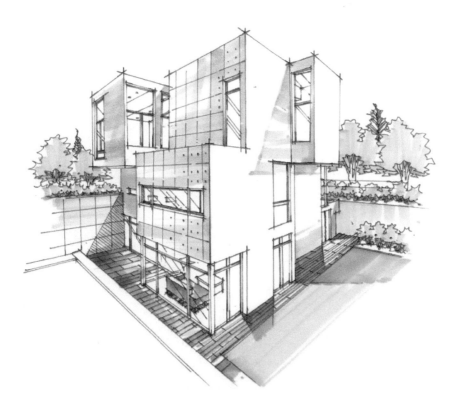

步骤四：进行第一遍上色。建筑用灰色画出背光面，植物快速铺绿色，用笔干脆利落，注意光影关系。

步骤五： 进行第二遍上色。加深所有结构的暗面，加强投影，明确光影关系。将室内的暖黄色灯光效果画出，并用蓝色对水休进行简单示意。

步骤六： 深化细节刻画，加强光影效果。切勿多画，应笔笔画到必要的、准确的位置。

步骤七：整体调整画面，补充环境色的变化。投影以及物体与物体交接的地方可以稍微加重，最后用墨线加强主要转折线，用高光笔绘出高光点。

6.5　三点透视完整画法举例

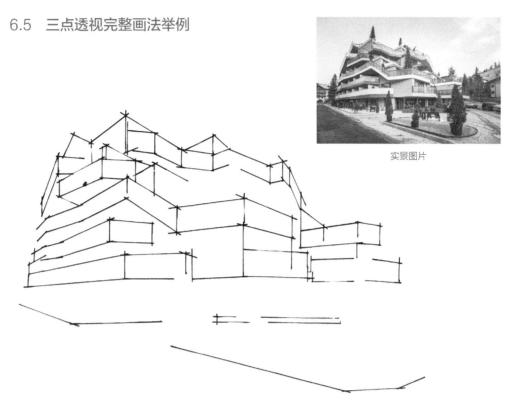

实景图片

步骤一：用铅笔定好视平线高度并确定透视方向和比例关系，再用签字笔上墨线，注意一般人视图视平线的高度可定在画面的1/2以下至1/3以上的区域。在这一步画出主体建筑的比例尺度关系和门窗的边框位置。

步骤二：这张图表现的是一个富有设计感的建筑群体，整张图的刻画重点在于中心建筑物，在线稿阶段刻画也要使主次关系明确。主体建筑部分要更加突出细节和设计亮点，周边的配景和建筑可以用简单的手法概括。

步骤三：完善线稿细节，如厚度、材质、光影等。本案例的建筑材质较为单一，在刻画建筑主体的时候要注意体现结构细节。在完成图片客观内容的前提下，可以根据构图的需要主观增加植物层次和人物等，以更好地体现画面氛围。

步骤四：马克笔第一遍上色。找出物体固有色，先从浅色开始，纯度不要太高。

步骤五： 第二遍上色。强化光影关系，叠加暗部，将未上色的物体铺上颜色。

步骤六： 最后整体调整画面，加强光影效果，注意各种结构的准确表达。天空的润色要注意笔触和形状。

第7章　建筑空间效果图画法图集

7.1　现代居住建筑画法步骤解析

南非海景之家图片

（1）南非海景之家

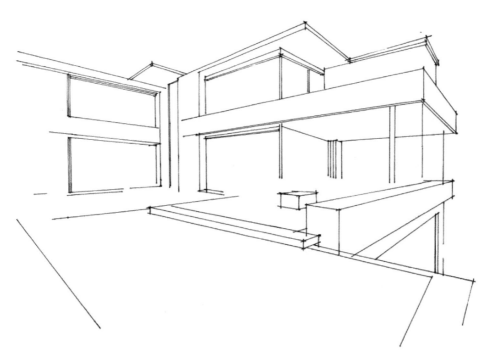

步骤一：这是一张两点透视图，遵循透视规律，可先用铅笔定视平线高度、透视方向和比例关系。这一步主要交代主体建筑的比例关系，门窗、护栏、植物配景等细节可在下一步补充。

步骤二： 在比例、透视都准确的基础上，将建筑的门窗、护栏、家具以及周边的植物、远山等补充完整。通过材质线条的疏密排列以及投影的处理，将画面的光影表达清楚。注意画面边缘的植物收边处理。

步骤三： 开始上第一遍颜色。找出建筑固有色，按照由浅到深的顺序从暗部开始，用马克笔铺出大色调。第一遍颜色应尽量选择单色，暗部多次叠加，亮部轻涂一层或者留白。

步骤四：在第一遍大色调的基础上，继续刻画细节，加强光影关系，着重刻画背光面，受光面可以少刻画，以保持亮部的光感。

小贴士：由于此画面同类色较多，很容易导致画面结构关系模糊或者单调，所以要加强光影对比和颜色的细微变化，前景的水面要画得通透。

（2）摩恩达之家

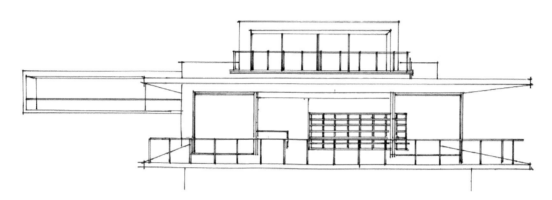

摩恩达之家图片

步骤一：这是一张一点透视图，注意构图和透视，可用铅笔先定视平线高度、透视方向和比例关系。这一步主要交代主体建筑的比例关系，门窗、护栏、植物配景等细节可在下一步补充。

步骤二：这一步的刻画主要是交代配景和丰富视觉中心区。将视觉中心区的材质刻画丰富，视觉中心以外的部分概括处理，用线条的疏密拉开前后空间和物体相互之前的差异。视觉中心靠前的结构线可以适当加重，用线条的粗细丰富空间层次。

步骤三：上色。我们先从视觉中心区开始铺色，视觉中心区的颜色可整体偏暖，周边环境可偏冷，冷暖对比使得主体更加突出，画面色彩关系更加丰富，靠后的物体选择偏灰的颜色以拉开前后空间感。

步骤四：继续从视觉中心区开始增加细节。加深暗部和投影以及物体固有色较深的地方，亮面先尽可能留白，保持画面对比度，画面的光影关系才会强烈。注意相同色相之间可以利用明度和纯度等对比进行区分，近实远虚，拉开画面空间。

7.2　现代办公建筑步骤实例解析

（1）奥格登中心

奥格登中心图片

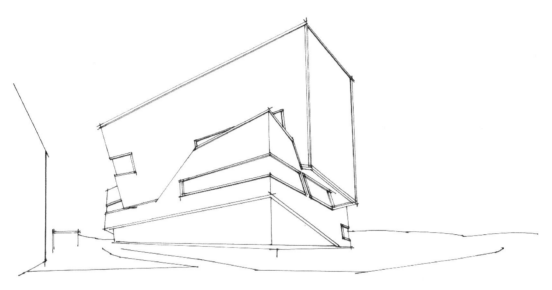

步骤一： 先确定画面的透视方向和比例关系。这一步主要交代主体建筑的比例关系和轮廓，门窗等结构以及植物配景等细节可在下一步补充。

步骤二： 完善线稿。将建筑的结构及细节表达清楚，并通过周边植物将建筑的轮廓烘托出来，如建筑右边的窗户较密集，则旁边的植物树干可以画疏一点；建筑左边留白较多，则配景植物可以稍密一点。

步骤三： 开始上第一遍颜色。找出固有色，先从大色调出发，确定光影后整体铺色，再逐步细化。
上色时用笔要轻快，以一到两遍为宜，注意明暗关系的变化，亮部要适当留白，同时要考虑空间层次。

步骤四： 完善整体画面，着重刻画主体物，这是决定画面效果和画面氛围的重要一步。大面积单一
材质的细微变化很重要，同时要注意区分前后体块关系。玻璃在刻画时，可根据周边环境增加投影细
节，虚化处理即可，不要过于花哨。植物的处理要注意前后的虚实和冷暖对比。调整画面要少动手、多
观察，从整体到局部再回归整体。

（2）杭州良渚新城梦栖小镇

杭州良渚新城梦栖小镇图片

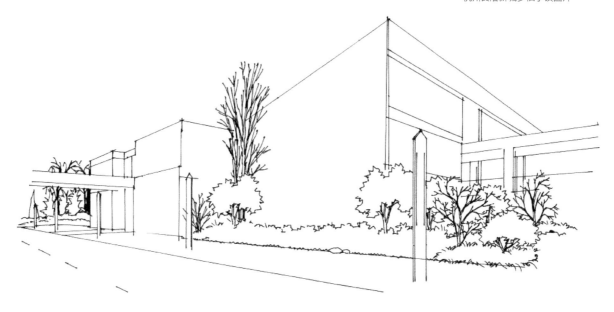

　　步骤一：先确定画面构图，找准透视方向和比例关系。这一步主要交代主体建筑的比例关系和轮廓与门窗的位置等，内部细小结构以及植物配景等细节可在下一步补充。

　　步骤二：完善画面的细节，加强画面的疏密处理。另外，所有的细节刻画应该集中在画面主体也就是建筑上，配景根据建筑疏密情况进行调整，可画得整体、概括一些，使得主次关系更明确。

步骤三：上色前要先想好如何搭配颜色，设想画面要营造的氛围是怎么样的。从视觉中心开始上色，上第一遍色时，亮暗面颜色对比的跳跃性可以大一点，有利于强化光感，这种跳跃性强的颜色变化更能突显空间的灵活多变。

步骤四：补充细节，全面调整画面。将画面中的其他小物体进行补充并塑造完整，小物体靠近主体物或者靠前的可以选择较为亮丽的颜色。在物体明暗交界线的地方可以压几笔重色来体现画面的光感和结构。

建筑手绘快速表现一本通

7.3 现代商业建筑步骤实例解析

（1）韩国Tea-Um咖啡馆

韩国Tea-Um咖啡馆图片

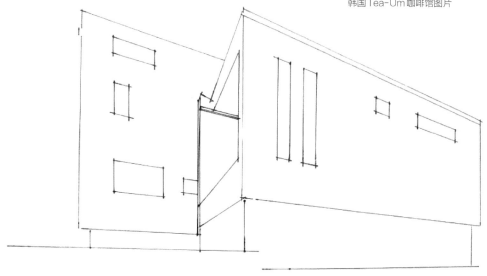

步骤一： 先确定画面的透视方向和比例关系。这一步主要交代主体建筑的比例关系和轮廓，门窗等结构以及植物配景等细节可在下一步补充。

步骤二： 完善线稿。将建筑的结构及细节表达清楚，并通过周边植物将建筑的轮廓烘托出来。本案例建筑以白色为主，在线稿阶段要尽量地保持主建筑的干净，可将周边的植物等配景以及首层楼的窗户画得更密、更细。

步骤三：进行上色。因为主体建筑是白色，所以在画面处理上应尽量把建筑留白，确定光源后，用浅灰色平铺一层建筑的灰面，再加重投影即可。注意面积大的色块不要平整铺完，要有留白。周边配景处理要注意色调统一和前后层次关系。

步骤四：整体完善画面，注意前后体块关系。玻璃要深入刻画，根据周边环境增加投影细节，投影虚化处理即可，不要过于花哨。植物的处理要注意前后的虚实对比，加深暗部及投影。天空部分可用彩铅从建筑边缘由深到浅过渡排笔。

（2）台湾巧克力块搭建的餐厅

台湾巧克力块搭建的餐厅图片

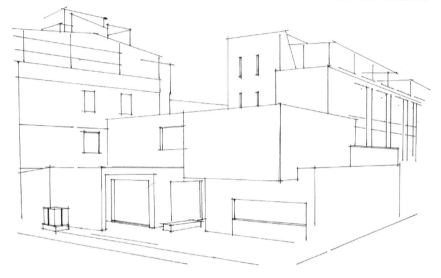

步骤一：先确定画面的透视方向和比例关系。这一步先从主体物的建筑轮廓开始入笔，要注意线条的干净利索，可以用尺子辅助线稿，干净的线稿将便于后期的上色。

步骤二：继续完善建筑的细节和周边配景，调整画面关系。建筑的结构细节如门窗、柱子、厚度、材质、投影等，都要根据画面有所取舍地交代，切忌面面俱到。调整画面要从视觉中心开始入手，周边的配景以及次要结构都为视觉中心服务。

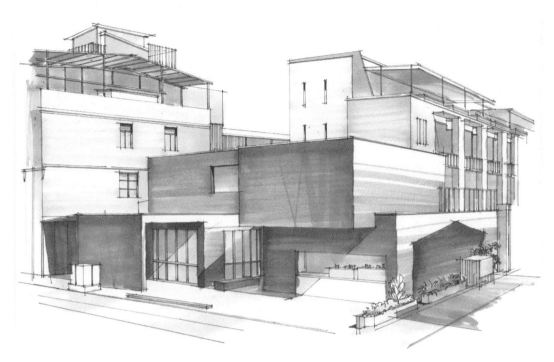

步骤三：上色从视觉中心开始，可以将每个物体的固有色简单地先铺一层，注意笔触要干净利索且不要铺满，才会显得轻松自然。画面想要显得更统一，可将同一个颜色用在不同地方，但要有侧重点。

步骤四：这张图的重点是前面暗红色的建筑，建筑在表皮质感上没有过多细节变化，在铺色时要注意笔触细节和亮暗面的对比，天空选择框线统一平铺，更能突出建筑的主体位置，使得画面有更强的节奏感。

7.4 现代公共建筑步骤实例解析

（1）伊凯斯特活动中心

伊凯斯特活动中心图片

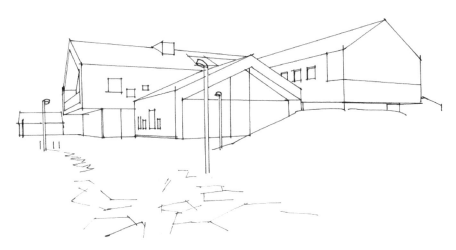

步骤一： 先确定画面的透视方向和比例关系。这一步主要交代主体建筑的比例关系和轮廓，注意地面砖石前大后小的透视变化。

步骤二： 完善线稿。把建筑的门窗等厚度、材质、光影表达出来。本案例的建筑材质较为单一，所以在建筑主体刻画的时候要注意细节。在完成图片客观内容的前提下可以根据构图的需要主观增加收边的植物，以更好地体现画面氛围。

步骤三：明确光源的位置，先按照建筑的固有色区分亮暗面并平铺一两遍，注意笔触的方向要根据透视或者材质线的方向运笔，更能体现建筑的结构和空间感；同时也要注意用笔的轻松和干净整洁。周边的植物可根据建筑的色相和明度做出相应调整，如色相相近或相同时则主观更改颜色，建筑较亮时植物可以稍微偏暗，反之亦然。

步骤四：深入刻画细节。这一步的刻画可先从画面的灰部和暗部开始，保持画面的光感对比，点缀环境色以丰富画面色彩关系，草坡在刻画时要注意亮、灰、暗的层次。最后，用彩铅处理天空，注意天空的造型也是随着构图需要而变化的。

（2）以色列雷霍沃特某社区活动中心

以色列雷霍沃特某社区活动中心图片

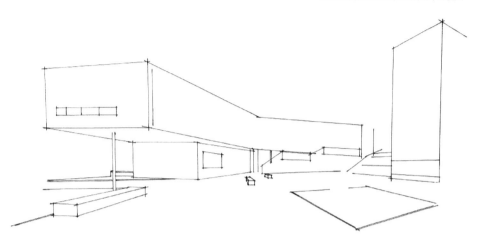

　　步骤一：先确定画面的透视方向和比例关系。这一步先从主体物的建筑轮廓开始入笔，可以用尺子辅助线稿。主要交代主体建筑的比例关系和轮廓即可，门窗等结构以及植物配景可在下一步补充。

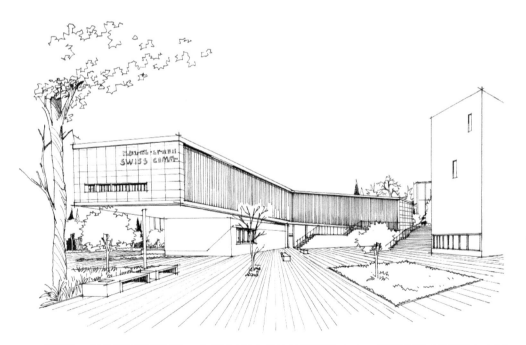

　　步骤二：这张图表现的是一个富有设计感的社区活动中心，整张图的刻画重点在于中心建筑物，在线稿阶段也要明确主次关系，主体建筑部分要更加突出细节和设计亮点，周边的配景和建筑可以用简单的手法概括。

步骤三： 上色先从主体建筑开始，先简单地平铺一层固有色，注意亮部的留白和笔触的干净。地面面积较大容易画得呆板，在平铺的时候需要有深浅和笔触变化，通常在接近物体的地方需要稍微压重一点，使画面显得更加自然。

步骤四： 在一张画面中，我们需要有相对跳跃的颜色来丰富画面，图中主体建筑的木色相对整张画面就要跳跃一点，使得画面空间的层次感在丰富之余更有节奏感。天空的处理要尽可能地靠后，在调整画面的时候注意要以主体为中心。

（3）教堂空间建筑步骤实例解析

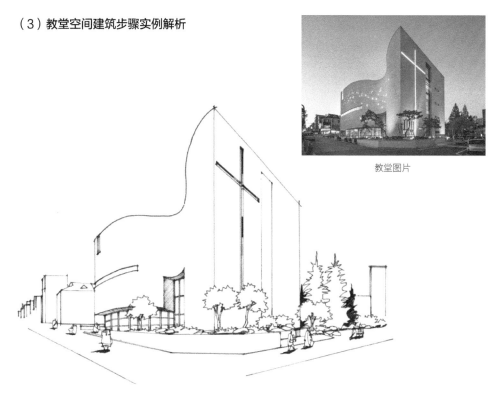

教堂图片

步骤一：这是一张两点透视的建筑效果图，首先确定构图，注意保证大小适中和透视准确。构图时一般在纸张的四边留出2~3cm（以A3画幅为例），透视方面要注意左右两边灭点要落在同一视平线上。

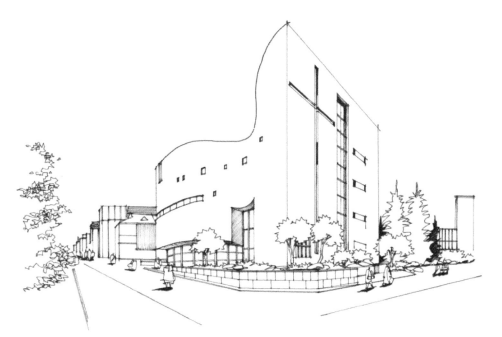

步骤二：继续深入刻画，重点在于主体建筑物的材质和结构细节，同时可以调整构图。为了丰富两边的地沿线并打破对称呆板的构图，在左边的角落加上了收边植物。整张图的色彩偏浅灰，在刻画的时候光影部分可以等上色的时候再加上去，以免画面过于凌乱。

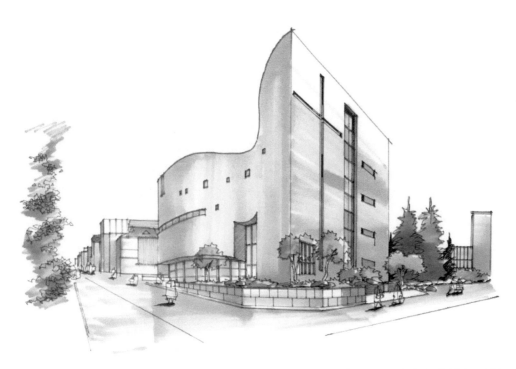

步骤三：上色时可根据图片选取相似的颜色平铺固有色，也可以自由安排色彩搭配练习，注意在平铺第一遍色的时候就要考虑光影关系和形体转折。这一步主要以大笔触为主，切忌用笔方向凌乱或者多遍涂抹。为表现建筑的光感，受光面靠近光源部分可以先大胆留白。

步骤四：继续丰富完善画面。为使画面更加有空间感，这一步我们继续加强灰暗部的处理，亮部先保持不变，在最后调整时再刻画。当建筑细节较少的时候，我们可以选择天空平铺，使背景更加简洁干净，突出画面主体内容。

7.5 现代展示建筑步骤实例解析

（1）新疆昌吉州文化中心

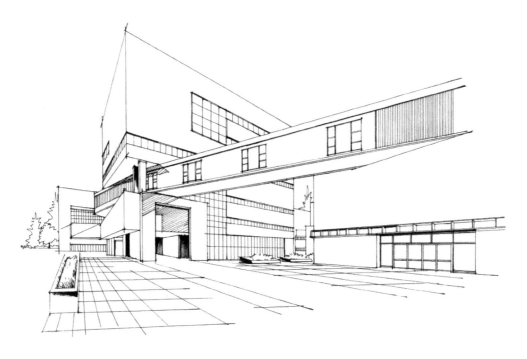

新疆昌吉州文化中心图片

步骤一： 用铅笔定好视平线高度，确定透视方向和比例关系，再用签字笔上墨线，注意一般人视图视平线的高度可定在画面的 1/2 以下至 1/3 以上的区域。这一步完成主体建筑的整个轮廓和门窗的边框位置。

步骤二： 完善线稿。本案例以建筑为主，几乎没有植物和其他构筑物，在构图时可以主观地加入前、后景的植物。然后从门窗、材质和光影等方向深入刻画建筑。

步骤三: 画面中90%的区域为建筑,所以要注重建筑的刻画。第一步先明确光源,按照建筑的固有色区分亮暗面并平铺一层,注意笔触的轻松和干净整洁。玻璃部分区域较多,注意从笔触上有所区分,靠前的可以笔触更加明显,靠后则反之。

步骤四: 刻画细节并调整画面。马克笔干后会比干前颜色稍浅,所以此时可继续加重一遍暗面,强化对比度,让画面空间感变强。注意亮部的留白,通常同一材质区域过大的时候,在受光面上半部留白更能体现光感。最后用蓝色马克笔以平铺的方式完成天空。

（2）朗诗·乐府展示中心

朗诗·乐府展示中心图片

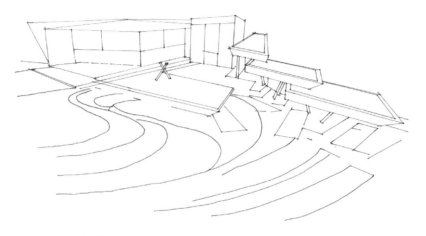

　　步骤一： 用铅笔定好视平线高度并确定透视方向和比例关系，再用签字笔上墨线，这一步完成主体建筑的轮廓和确定门窗的边框位置，同时交代一下周边环境。

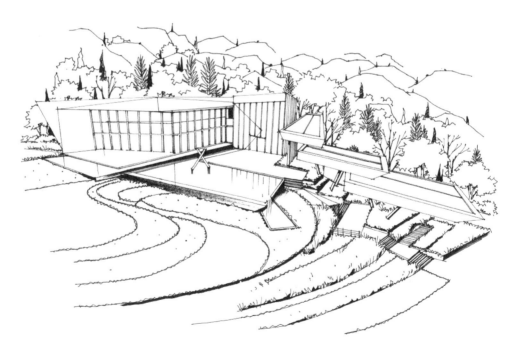

　　步骤二： 这张图的场景较大，在刻画时要注意主次，透视比较难抓的图要多对比，找准形体比例。原效果图的主次区分明显，建筑和环境的直、曲线对比形成很强的节奏感，要注意将这一点表现出来。

步骤三：在颜色选择上，周边环境选择偏冷的颜色，建筑选择偏暖的颜色，使得画面在色彩冷暖上能很明显地区分主体和背景两大块，但要注意两种颜色要有所交叉，让画面看起来更加均衡。主体建筑前后的植物较多，第一遍上色时先平铺，选取两三个颜色稍加区分即可。

步骤四：刻画视觉中心的小物体或者点缀小色块时，可以大胆地用颜色纯度较高的笔，小面积的跳跃颜色能让视觉中心看起来更加丰富。然后使用较浅的蓝色平铺远处的植物和山峰，拉开远处景物的层次，增强画面空间感。

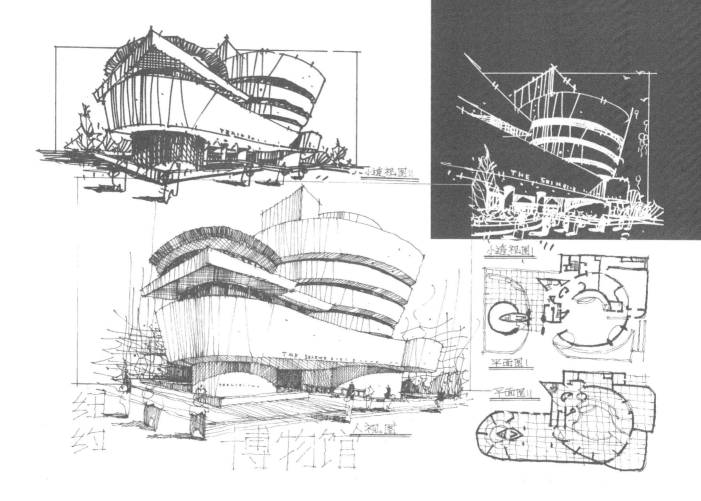

应用篇

小透视图ll

小透视图ll

THE SHINING

纽约 博物馆 人视图

平面图ll

平面图ll

第8章 手绘在快题设计中的应用

手绘在建筑设计中的应用主要有三个方面：

① 快速捕捉所看到的建筑信息；

② 在快题设计考试中完成表达；

③ 在方案设计中推敲、分析方案，有时也会为甲方当面演示方案。

快题设计是用手绘来表现的，虽说快题设计的重点并不在于手绘表现，方案才是快题考察的核心内容，但是手绘作为快题设计的主要呈现方式，目标是用更短的时间和更顺畅的过程画出达标的图纸，是做快题时不可或缺的能力之一。

对快题设计来说，手绘主要是把设计思路讲清楚，它是优于文字和语言的最直观的设计呈现方式。所以，手绘的重要性在快题中还是显而易见的。

8.1 快题设计作品解析一

作品优点： a. 版面平稳，整体构图关系均衡，完成度高；b. 线条稳重，制图细节到位，建筑学基础扎实；c. 图面氛围清新、特别，整体效果不错；d. 方案布局沉稳，功能流线关系布置合理。

作品不足： a. 建筑周围场地表达得较为仓促，如时间足够可以加强氛围；b. 虽然建筑造型上有虚实变化，但块面关系还可以优化。

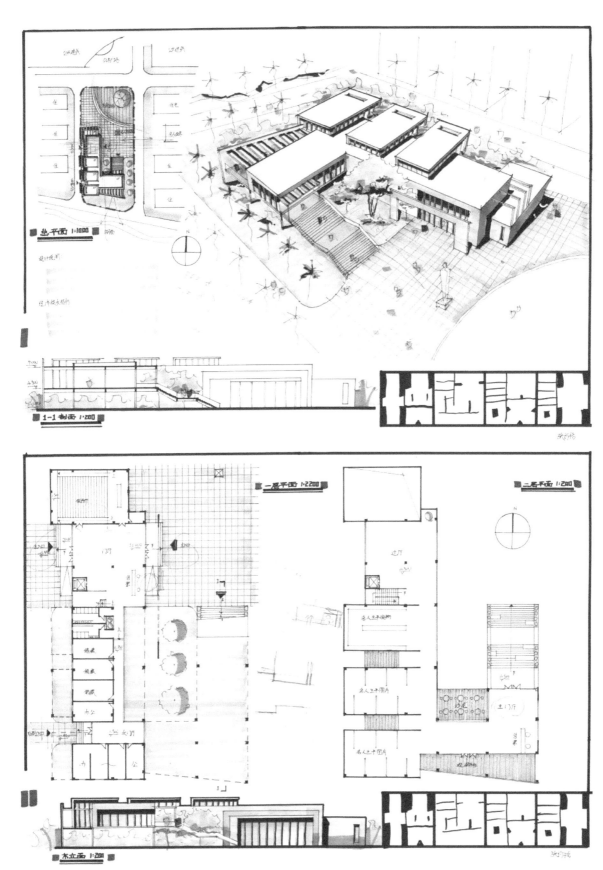

作者：张珂铭（观内外·平仄建筑快题学员，华南理工大学2018年建筑考研状元/132分）

8.2　快题设计作品解析二

　　作品优点： a. 在构图方面，画面有主有次，表达较为清晰；b. 图面处理得比较干净，对画面的重点部位刻画清晰；c. 透视图较为准确；d. 方案体块的虚实关系逻辑清晰，并贯彻在整套图纸的表达中。

　　作品不足： a. 建筑落地部分的衔接关系可以优化，软硬质铺地变化区分以及景观布置有待深化；b. 画面的光影效果和视觉中心可以更加突出。

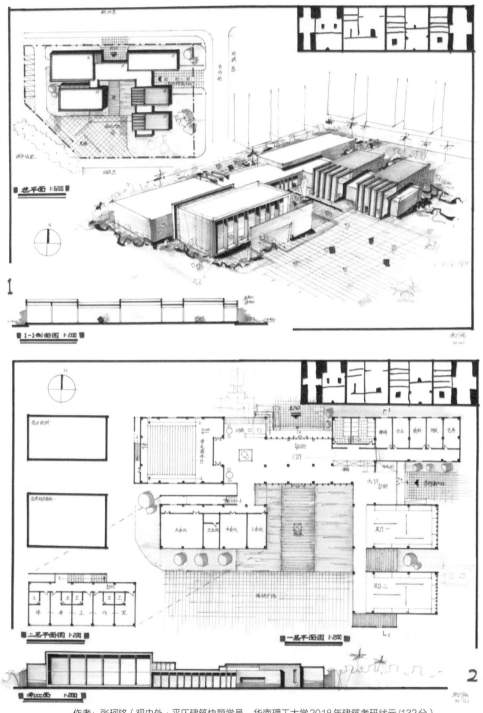

作者：张珂铭（观内外·平仄建筑快题学员，华南理工大学2018年建筑考研状元/132分）

建筑手绘快速表现一本通

8.3　快题设计作品解析三

　　作品优点： a. 效果图和总图结合表达方案特色，恰到好处；b. 整体画风清新淡雅，色调舒服；c. 每一张图的排版都比较简洁，有主有次。
　　作品不足： 剖立面图内部细节欠缺。

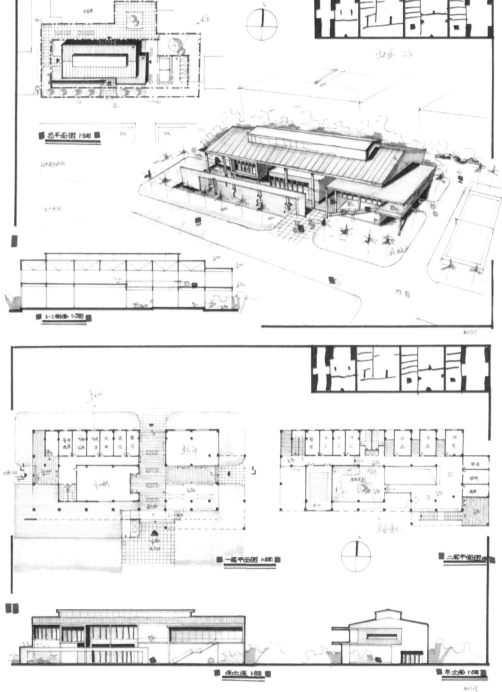

作者：张珂铭（观内外·平仄建筑快题学员，华南理工大学2018年建筑考研状元/132分）

8.4 快题设计作品解析四

作品优点： a. 方案大胆创新；b. 整体效果丰富，色调大胆亮丽；c. 效果图氛围突出，场景塑造成功。

作品不足： a. 排版视觉重心略有不稳；b. 效果图的光影关系不够明确。

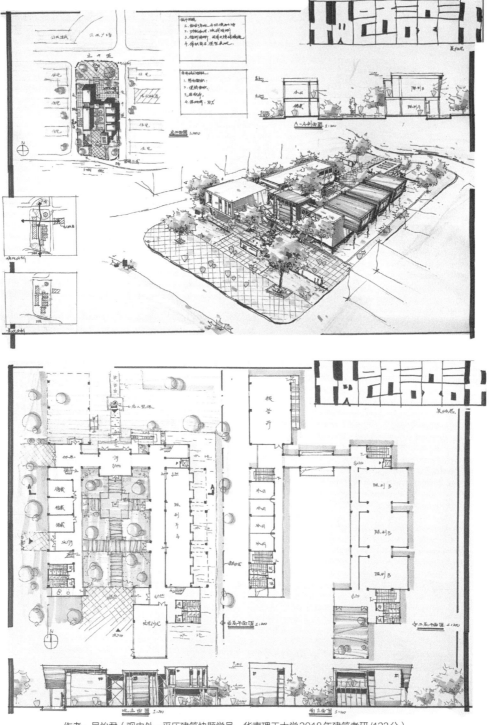

作者：吴怡君（观内外 · 平仄建筑快题学员，华南理工大学2018年建筑考研/123分）

建筑手绘快速表现一本通

8.5 快题设计作品解析五

　　作品优点： a. 方案成熟稳重，呼应历史环境；b. 排版完整清晰，图面完成度高；c. 用色沉稳，上色
逻辑清晰。

　　作品不足： a. 设计方案和场地斜边的构图关系不够协调；b. 对马克笔笔触的掌控尚欠火候。

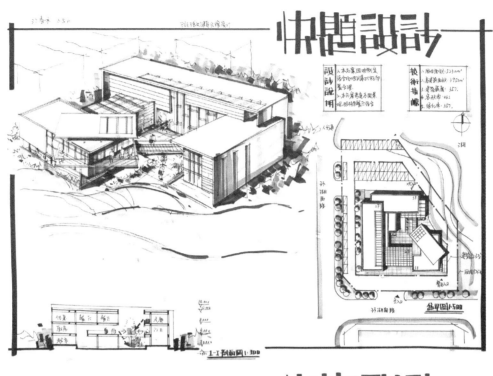

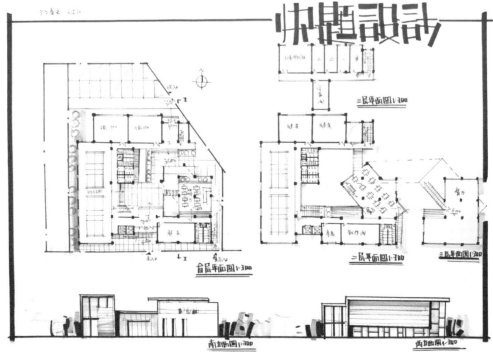

作者：江春水（观内外·平仄建筑快题学员，华南理工大学2017年建筑考研/125分）

8.6 快题设计作品解析六

作品优点： a. 排版均衡整体，风格成熟稳重；b. 画面主次分明，表达清晰；c. 用色和谐，并且对于暗面的处理较为恰当。

作品不足： a. 总图虚实关系不够丰富，场地体块过大容易带来功能和流线问题；b. 这是一道改造设计的题目，如果加上前后改造对比，效果会更加直观。

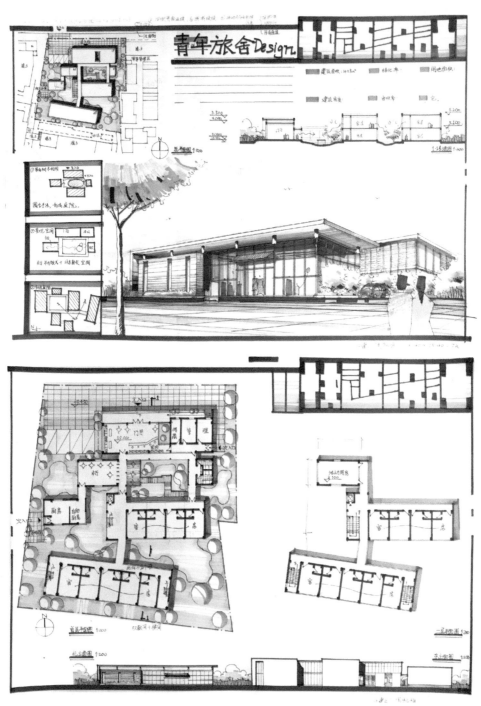

作者：周裕恒（观内外·平仄建筑快题学员，华南理工大学2017年建筑考研/123分）

8.7 快题设计作品解析七

作品优点： a. 用色大胆新奇，让人眼前一亮；b. 效果塑造成功，用热闹的氛围表达方案；c. 总图构图关系错落有致，与历史建筑相呼应。

作品不足： a. 由于方案形态较为舒展带来了排版问题，两张图放在一起看显得重心偏离；b. 技术图纸的表达细节还有深化空间。

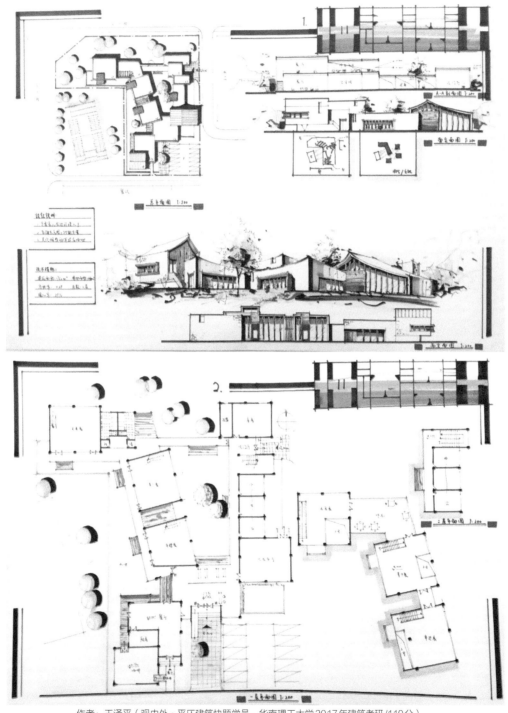

作者：王泽平（观内外·平仄建筑快题学员，华南理工大学2017年建筑考研/119分）

8.8 快题设计作品解析八

作品优点： a. 方案采用徒手绘制，效果图手绘风格新奇；b. 总图体量关系采用"一主三从"式构图，沉稳中带有活跃元素；c. 马克笔的笔触控制相对到位，点到即止。

作品不足： a. 排版关系不太顺畅，色彩中心偏移；b. 画面的光影效果和视觉中心可以更加突出。

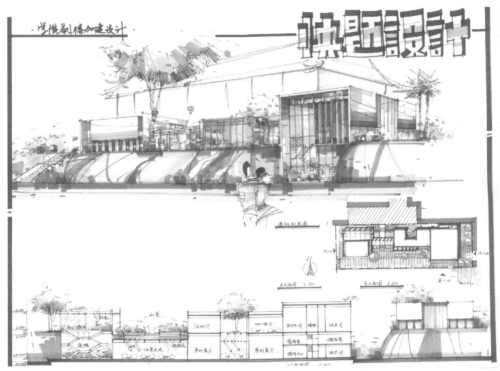

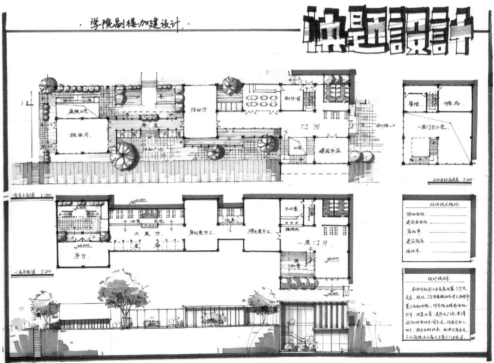

作者：方骏琪（观内外·平仄建筑快题学员，华南理工大学2017年建筑考研/128分）

8.9 快题设计作品解析九

作品优点： a. 图纸效果素雅，色调入眼舒服；b. 马克笔的笔触干净节制，没有太多乱线；c. 技术图纸制图严谨，能展露出建筑设计功底。

作品不足： a. 缺少设计说明，排版可再紧凑些；b. 效果图透视不够明显，分析图可再细腻一点。

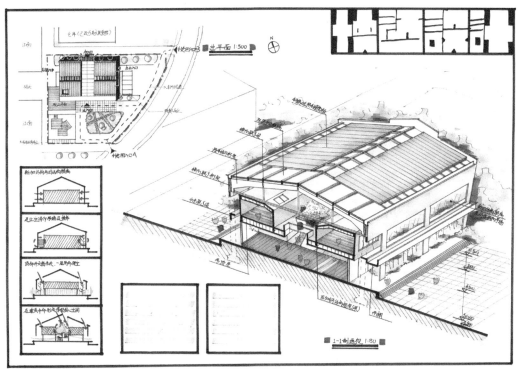

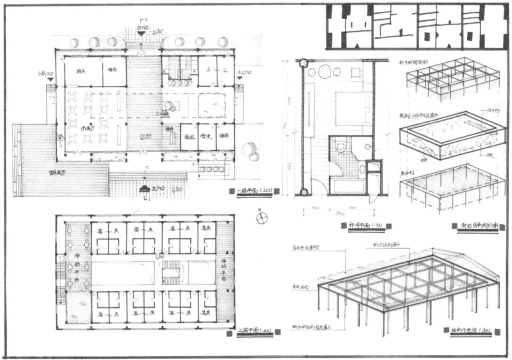

作者：张珂铭（观内外·平仄建筑快题学员，华南理工大学2018年建筑考研状元/132分）

第9章　手绘在方案设计中的应用

9.1　平面方案的推敲与表达

在平时的设计实践中，对空间的快速表达是一种必备技能。设计师通过对空间场地的理解和构思，将其通过草图的形式，概念化地表现出来。在此基础上，可以对设计进一步细化，结合现状和任务书等要求，对项目综合分析和构思，在平面图中推敲各空间属性和其对应关系等，反复调整和改进，最终呈现出一个比较完整的平面方案。

本节介绍的手绘方法可以帮助同学们重新系统地训练自己的平面组织能力，建立扎实的构图基本功。最终不仅能够解决平面构图"散、乱、差"的问题，还为后期的空间营造训练及景观元素的推敲打下深厚基础。

根据平面方案设计的基本元素，我们可以把训练分为直线手法、折线手法、曲线手法三种主要方法。

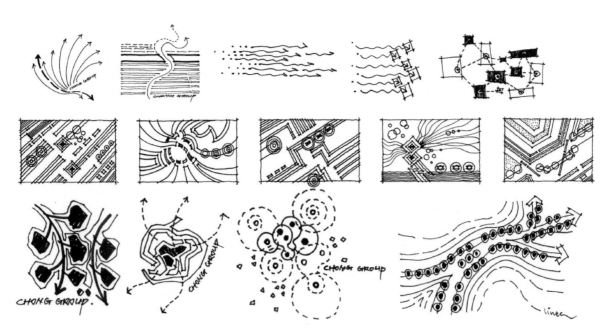

（1）直线推导平面

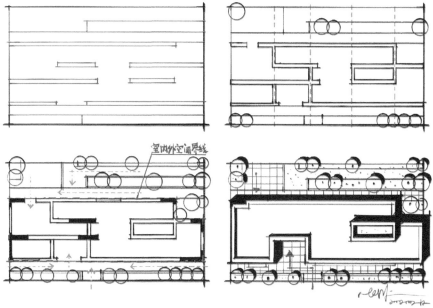

步骤一：依据基地景观等因素，用横向的线性元素推导。

步骤二：用竖向线性元素进行建筑内部的空间划分。

步骤三：区分室内外空间，组织室外路线。

步骤四：细化建筑平面，分析建筑光影，丰富平面细节。

（2）曲线推导平面

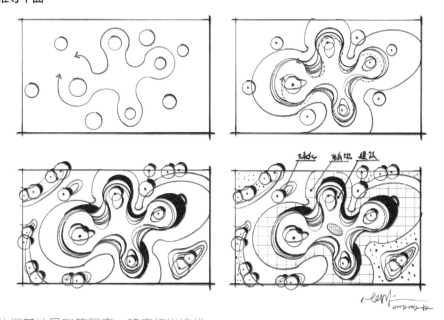

步骤一：依据基地景观等因素，确定行进流线。

步骤二：依据行进流线，扩充建筑体型。

步骤三：采用曲线形的景观设计，与建筑构成相统一。

步骤四：进行材质区分，丰富建筑平面与基地元素。

（3）折线推导平面

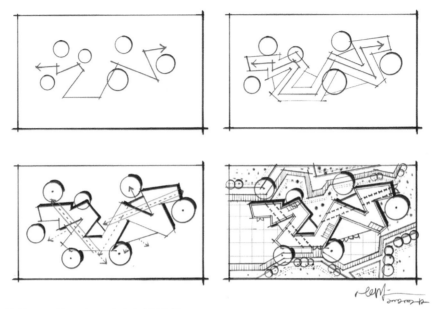

步骤一： 依据基地景观等因素，确定行进流线。
步骤二： 根据行进流线，扩充建筑平面。
步骤三： 在折线形的建筑平面上形成视线贯穿。
步骤四： 细化建筑平面，采用折线式的地形设计进一步加强平面的统一性。

9.2 建筑立面表达与案例记录

建筑立面设计是建筑功能、建筑构造和建筑美学的统一，设计师通过色彩、材质、尺度、比例、方向、形状及其组合，运用对比、差异、统一、呼应和穿插、几何性、次序性、节奏和韵律等美学原理，在满足建筑功能的基础上，尽可能创造立面和外观的美感。

很多同学在设计立面时缺少方法，或者步骤性不强，本书教大家一些很实用的方法，例如架空、挖洞、挖槽/分段、假墙/叠加、增设构架、切角、边框、网格等，可以广泛运用到各类型建筑的设计中，并可以快速表达出来。

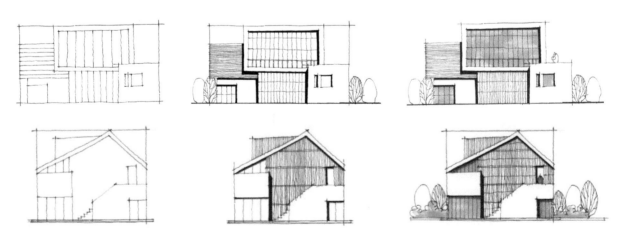

（1）立面表达步骤解析一

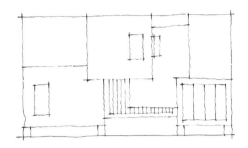

步骤一： 确定立面几何形体的比例关系，用单线的形式定出框架，注意高差、组合形式以及天际线的变化，可运用一些设计手法，例如底层架空。

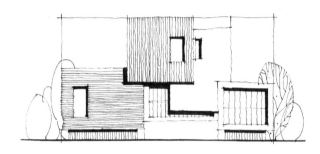

步骤二： 在几何框架内进行立面结构表达，画出建筑的材质和前后体块关系，可通过画投影的方式确定体块的前后关系，材质表达时要有疏密对比。

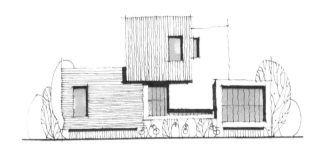

步骤三： 添加建筑周边的植物配景以及人物等素材，以更好地体现建筑的尺度，也可以用马克笔简单上色，让画面更有趣味性。

作业练习：

参照上述方法，对下图的建筑进行立面绘图练习。

（2）立面表达步骤解析二

步骤一： 确定立面几何形体的比例关系，用单线的形式定出框架，注意高差、组合形式以及天际线的变化。

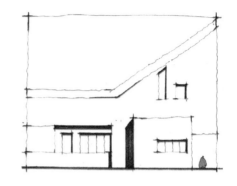

步骤二： 在几何框架内进行立面结构表达，注意建筑的材质和前后体块关系，可通过画投影的方式确定体块的前后关系，材质表达时要有疏密对比。

步骤三： 添加建筑周边的植物配景以及人物等素材，以更好地体现建筑的尺度，也可以用马克笔简单上色，让画面更有趣味性。

作业练习：
参照上述方法，对下图的建筑进行立面绘图练习。

（3）立面表达案例临绘与记录

以下的立面是通过实景案例转换过来的，平时在查阅设计资料时偶尔会发现好的立面设计，这时我们可以通过手绘将其记录下来，为未来的设计道路积累素材。

在画立面的时候要注意几点：① 把握好立面的长宽比例，② 注意画面的黑白灰块面的变化，③ 强调画面的虚实对比。

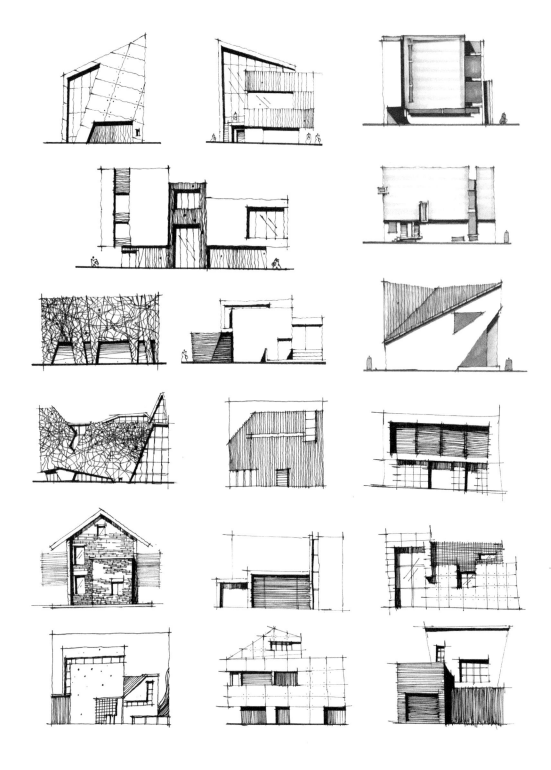

9.3 建筑方案的空间转换

应用阶段的手绘是强调绘图者空间思维的灵活性，不是为了画图而画图，而是通过绘图技巧训练自己的空间转换能力。

从建筑的平、立面推导出透视图及鸟瞰图，或者通过对几何形体进行加、减法，绘出更复杂的空间效果。通过这种方法的训练，对方案前期的思维能力提升特别有帮助。平时在记录和分析设计案例时，也可以运用空间转换的思维方法推导出更完整的图纸。

画图时需要注意几点：

① 在画平面和立面时需注意长宽比例，不要比例失调，线条一定要横平行、竖垂直，投影统一方向且要画细腻一点，线条要肯定；

② 在画透视图时要注意把视点压低，抓准透视关系，很多同学在抓透视时容易"翻车"，疏密对比在建筑体内要表达出来；

③ 鸟瞰图是难点也是重点，因为它能看到建筑的三个面，能特别清楚地反映建筑本身的造型关系，画之前建议同学们先用铅笔简单起个框架。

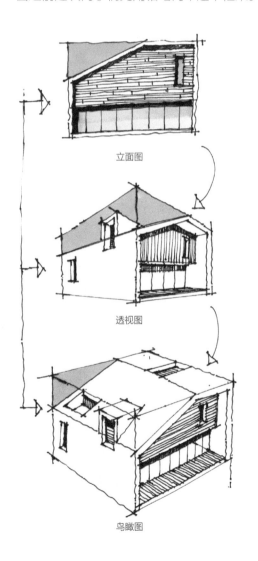

立面图

透视图

鸟瞰图

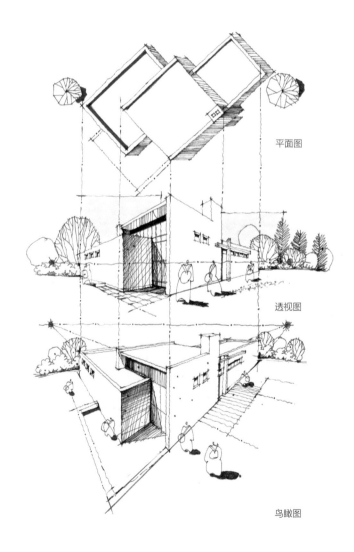

平面图

透视图

鸟瞰图

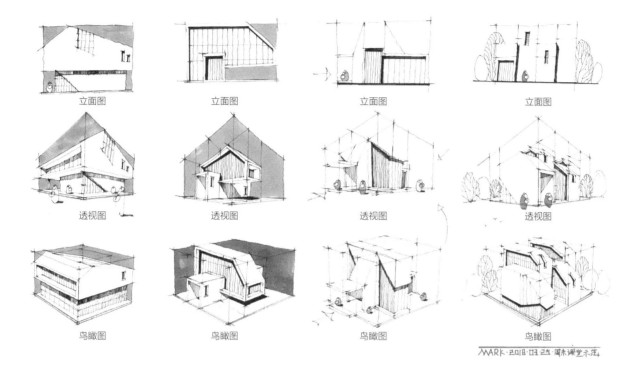

立面图　　　　立面图　　　　立面图　　　　立面图

透视图　　　　透视图　　　　透视图　　　　透视图

鸟瞰图　　　　鸟瞰图　　　　鸟瞰图　　　　鸟瞰图

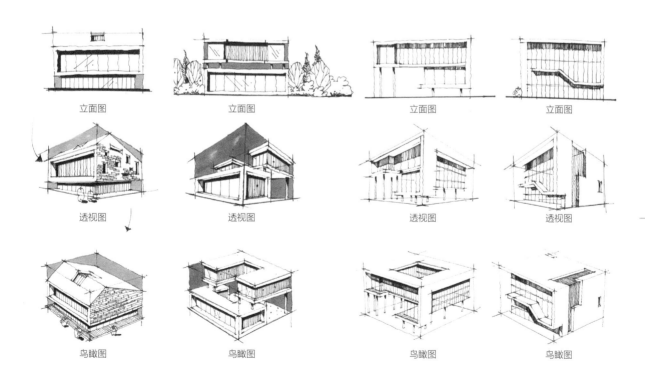

立面图　　　　立面图　　　　立面图　　　　立面图

透视图　　　　透视图　　　　透视图　　　　透视图

鸟瞰图　　　　鸟瞰图　　　　鸟瞰图　　　　鸟瞰图

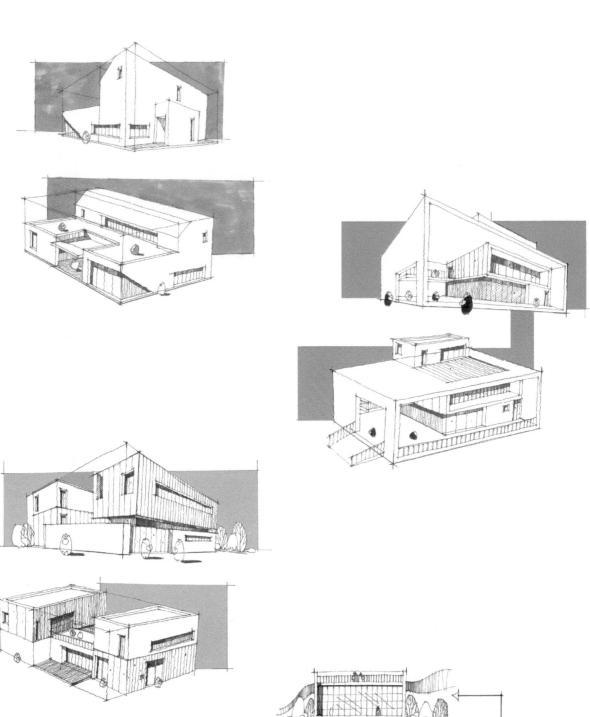

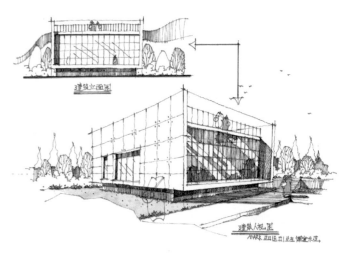

（1）建筑空间思维转换案例一

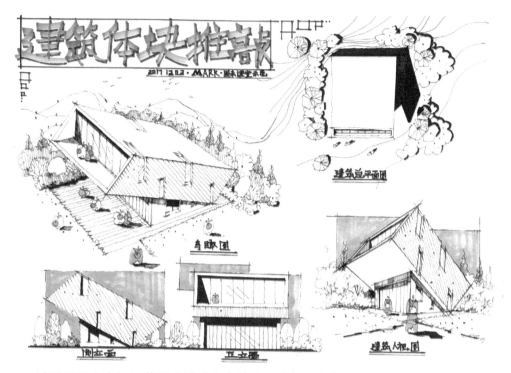

　　该图是从众多框架草图中挑选出来的小型建筑，在草图基础上进行细化，尤其是细化了平面、立面与周边环境。

（2）建筑空间思维转换案例二

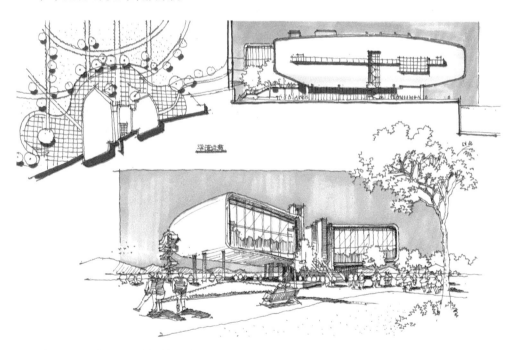

　　这是对一张图片的转换训练，在效果图方面画得相对来说比较深入，画面的前、中、后景交代得很清楚。

（3）建筑空间思维转换案例三

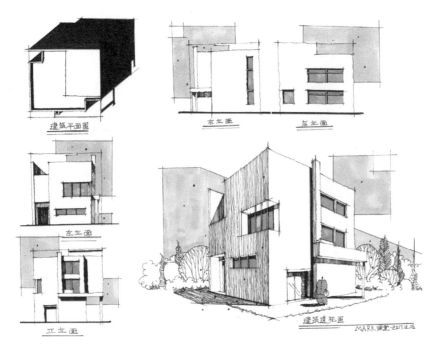

单体建筑的空间思维转换绘制，图中把四个立面、一个平面和一个透视图都绘制出来了，可以很清楚地了解建筑造型和构造。

（4）建筑空间思维转换案例四

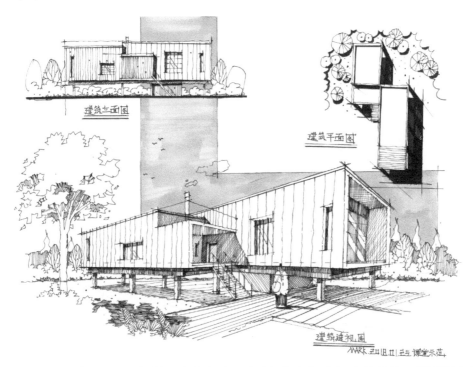

该长条形建筑体的透视效果比较夸张，注意把握好近大远小的规律。平面图上要重点注意投影的位置，因为建筑底层是架空的。

（5）建筑空间思维转换案例五

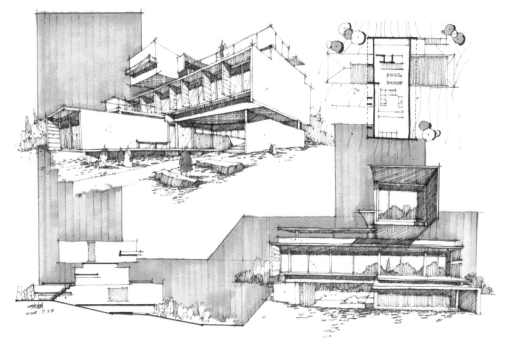

　　该案例为独栋建筑，在原始图纸里选择了两个角度，一个是一点透视，另外一个是两点透视，尝试从不同的透视视角去表达同一栋建筑。

9.4　优秀方案推敲练习与表达

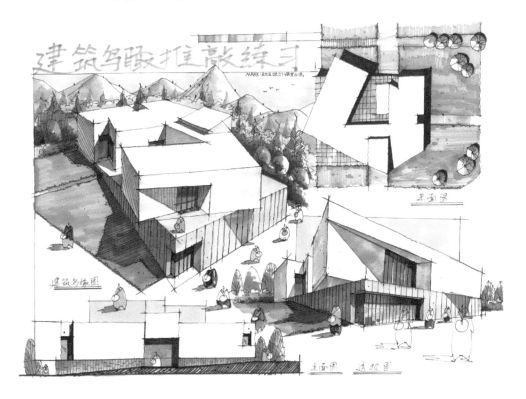

Capital Hill Residence

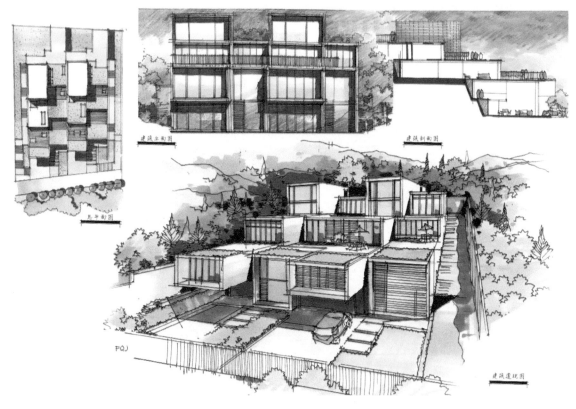

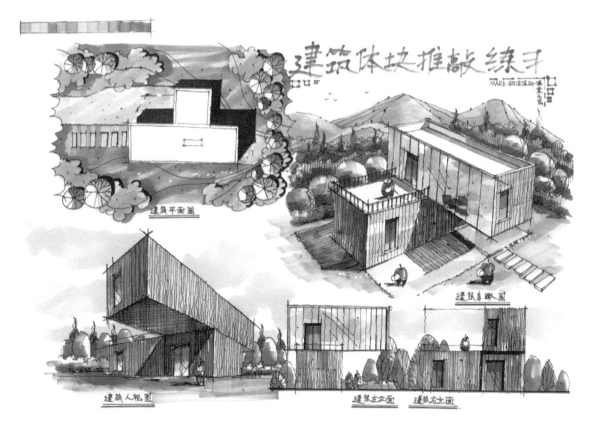

鸟瞰图推敲

总平面图

鸟瞰图

北立面图

透视图

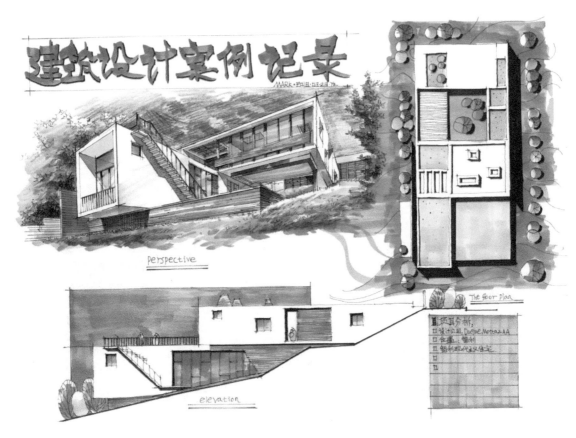

建筑设计案例记录

MARK·即ID·13·21·作

perspective

elevation

The floor plan

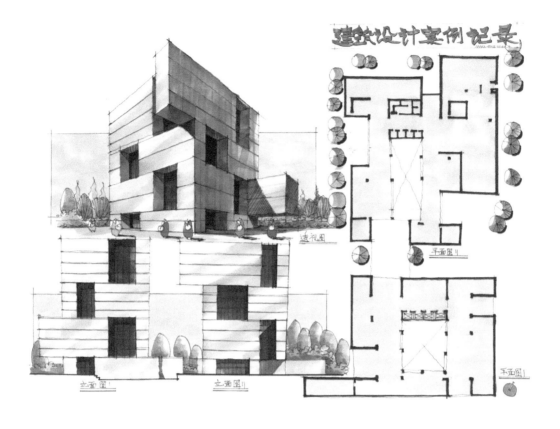

第10章 优秀学生作业赏析

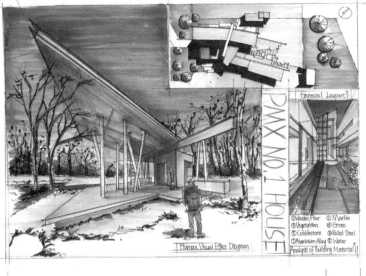

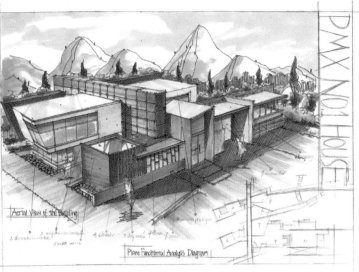

优秀作品解析一

作者：方钰莹（大连大学16级建筑学）

作品优点：

a. 画面感很充实，能熟练运用马克笔和彩铅的搭配，将画面深浅明暗的关系表达得很充分；b. 在建筑手绘的表达上懂得运用人物配景，使得画面更真实、生动；c. 手绘的技巧熟练，对建筑和周边的植物配景刻画非常生动形象。

作品不足：

a. 对细节的刻画，还可以更深入，尤其是建筑结构；b. 画面的光影处理得不够强烈，使得画面的张力稍微欠缺；c. 在图纸的排版上还需要更考究。

建筑手绘快速表现一本通

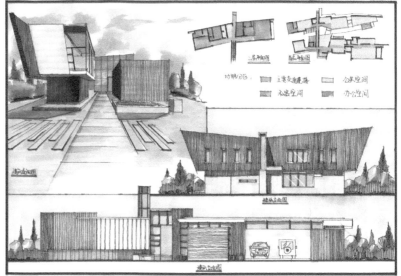

优秀作品解析二

作者：刘盛行（东莞理工学院16级建筑学）

作品优点：

a. 透视比例问题不大，建筑的线稿画得比较细致，说明比较用心；b. 写实感强烈，很注重细节的描绘，对色彩的运用很熟练，色彩统一，画面整体比较清晰。

作品不足：

a. 透视图地面的植物投影太突然；b. 鸟瞰图画得不够充分，远山处理得太生硬；c. 地面铺装和人物画得过大，比例失调。

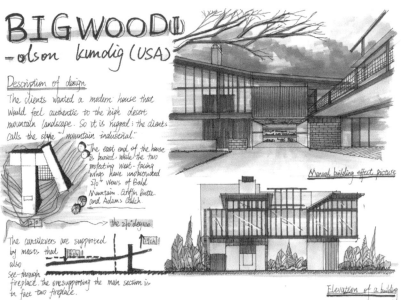

优秀作品解析三

作者：劳礼雯（东莞理工学院16级建筑学）

作品优点：

a. 画面给人很强的冲击力，尤其是总平面图，巧妙地将几个画面自然连接，趣味性十足；b. 大胆使用冷暖色制造夜景效果。

作品不足：

a. 深灰色运用得不是很通透，画面显得阴郁；b. 鸟瞰图植物缺少变化，画得过多、过密。

优秀作品解析四

　　作者：宣旻君（华南理工大学14级建筑学）

　　作品优点：

　　a. 画面主次分明，构图和排版清晰明了，对画面尺度把握得非常到位；b. 色彩表现技巧熟练，明暗、冷暖关系处理到位；c. 构图、主次关系明确，懂得取舍。

　　作品不足：

　　在表达建筑时，可以适当地添加一些人物或其他配景，让画面更生动、有趣。

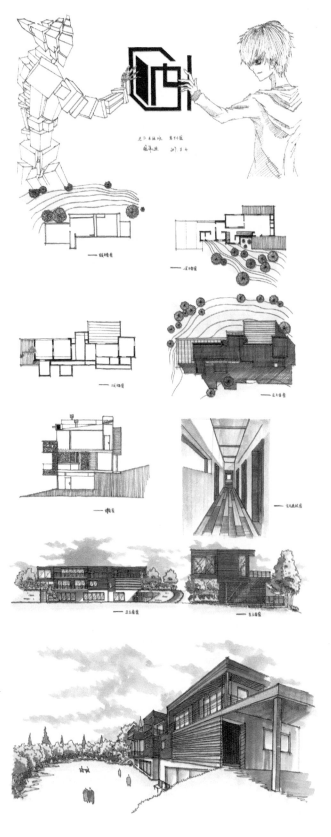

优秀作品解析五

作者：温伟迪（广东工业大学华立学院16级建筑学）

作品优点：

a. 图纸内容丰富，表达清晰；b. 大胆地将冷暖色调搭配在建筑上，且不违和，让画面丰富多彩；c. 画面氛围浓烈，对地形的表达很到位。

作品不足：

亮部和暗部的对比不够，植物在表达上的变化略少。

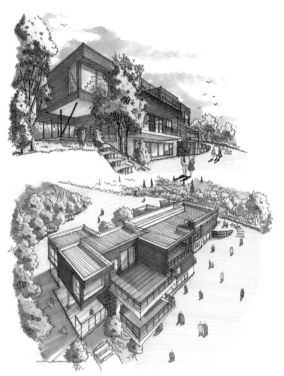

优秀作品解析六

作者：卢超艺（华南农业大学17级建筑学）

作品优点： a. 画面整体的完整性比较高，植物和天空渲染充分；b. 对于透视、构图、造型等绘画基本功掌握扎实。

作品不足： a. 画面整体的排版不够美观，属于中规中矩的类型；b. 大的透视图里面的远山颜色画得太重了；c. 建筑的画法不够干脆，暗面太重显得不通透；d. 作图后期可以用尺子辅助加强建筑重要的转折。

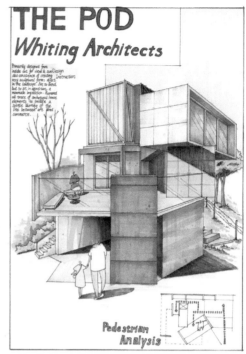

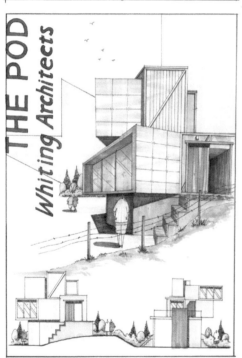

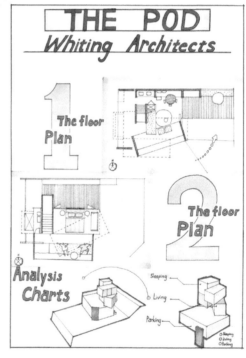

优秀作品解析七

作者：陈洁欣（广东海洋大学 16 级环境艺术设计）

作品优点： a. 画面色调统一整洁，排版具有趣味性；b. 对于马克笔和钢笔的掌握比较娴熟，画面光影关系明确，分析图很到位。

作品不足： a. 内容上显得有点花哨，主标题和副标题都太大，立面图和分析图的面积差不多，没有很好地区分图纸的主次关系；b. 建筑配景可以多加一点，想在缺少画面氛围的营造。

优秀作品解析八

作者：何可柔（华南理工大学17级建筑学）

　　作品优点： a. 内容画得很丰富，鸟瞰图表现得很细腻；b. 整个图纸的完成度一致，大的透视图表达得很充分；c. 细节到位，画面中还加有气球作为点缀。

　　作品不足： a. 立面图底部的土壤颜色上得太深；b. 乔木的线稿画法可以再生动一些。

PabLo Patriota BRASIL

鸟瞰图

总平面图

建筑师：Pablo Patriota 建筑面积：314.6m² 基地面积：375m²
竣工时间：2012 地址：巴西伯南布哥州 一条用砖砌成的曲折的墙作
为一个过渡区，将公共空间与私密空间分开，它可以通风，又可以保护内院隐私。

人视图

北立面

平面图

功能分区

西立面

功能分区

楼梯
交通
厕所
露台
房间

活动 厨房
餐厅 厕所
楼梯 房间
车库 储物

现内外教育－建筑设计手绘班 2018.8.07

优秀作品解析九

作者：黄梓健（华南农业大学17级建筑学）

作品优点： a. 建筑鸟瞰图表达得很到位，人视图里的建筑塑造得也很好；b. 对于材质的表达很细致，建筑马克笔的运笔把握得不错。

作品不足： a. 天空画得有点乱；b. 植物配景颜色没有区分前后关系。

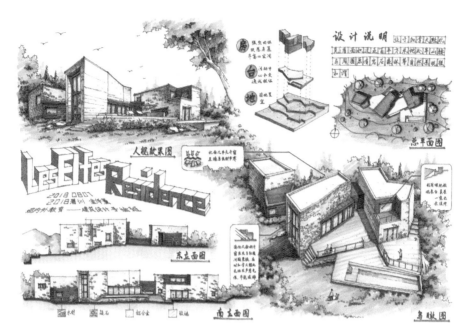

优秀作品解析十

作者：金泽薰（华南理工大学17级建筑学）

作品优点： a. 画面很整体，画面内的图有串联性；b. 建筑材料表达清楚，植物渲染到位；c. 主次分明，绘画的基本功扎实。

作品不足： 可选择一个透视图画大一些，作为画面的视觉中心。

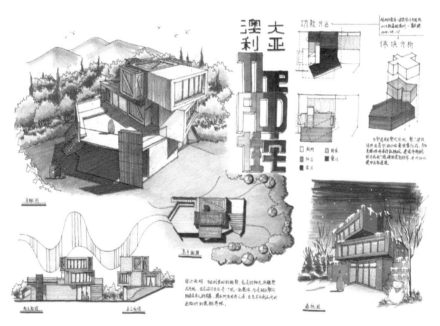

优秀作品解析十一

作者：鲁英健（广东工业大学17级建筑）

作品优点： a. 画面完整度高，图纸排版明朗，主标题画得立体；b. 透视图的草坪表达得很好，小透视图选择夜景这种特殊场景的表达，体现出个人能力。

作品不足： a. 大透视图的远近植物和远山没有处理清楚，可以整体再往后退一到两个灰度；b. 其他图纸的深入度还不够。

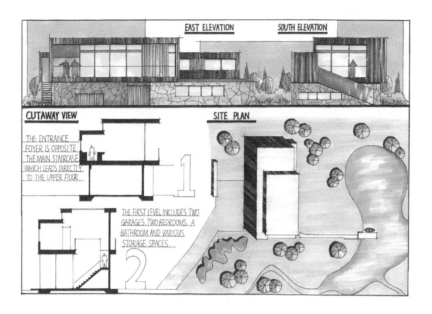

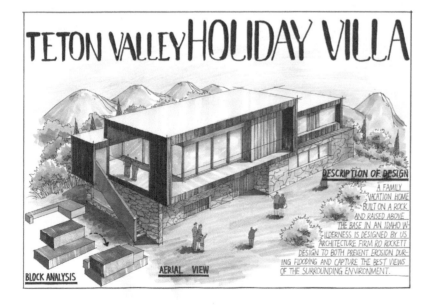

优秀作品解析十二

作者： 姚溪（中山大学17级城乡规划）

作品优点： a. 画面运用低纯度色彩表达，色调统一，给人舒服、朴素感；b. 马克笔运用熟练，画面对比明确；c. 建筑材质和立面图材质表达完整。

作品不足： 唯一的缺点是鸟瞰图的山有点呆板。

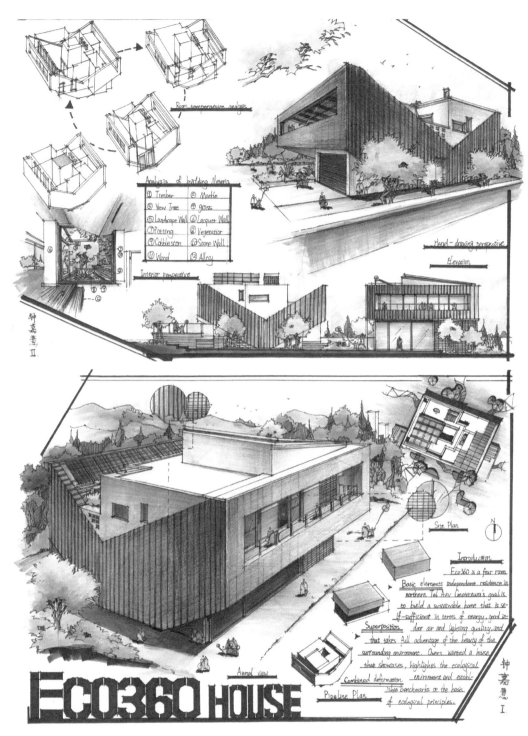

优秀作品解析十三

作者：钟嘉慧（广东财经大学16级环境艺术设计）

作品优点：a. 画面严谨，清晰地表达出建筑的体块、流线和材质；b. 大胆地结合了彩铅与马克笔，使图纸内容更丰富。

作品不足：a. 整体画面深入度不够，特别是在马克笔表达上；b. 鸟瞰图建筑的周边环境过于简单，植物与地面的交接处画得太平，过于生硬。

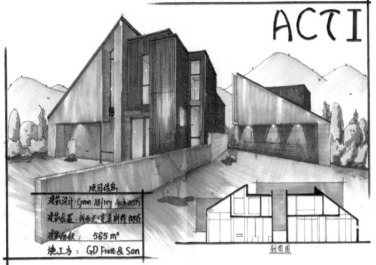

优秀作品解析十四

作者：黄培轩（广东工业大学17级建筑学）

作品优点： a. 整体画面的完整度比较高，图纸的主次关系明确；b. 主色调很突出，构图相对完整，天际线和地沿线富有变化；c. 透视图表达得很到位。

作品不足： a. 马克笔用笔太过于单一，还需要多训练马克笔的笔法；b. 颜色叠加不够纯粹，画面显得有点脏，建议不要叠加太多遍，控制好用笔的力度。

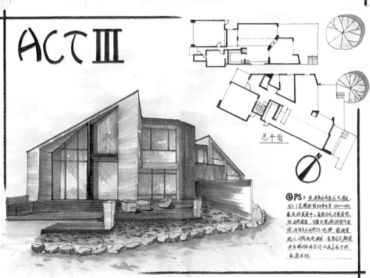